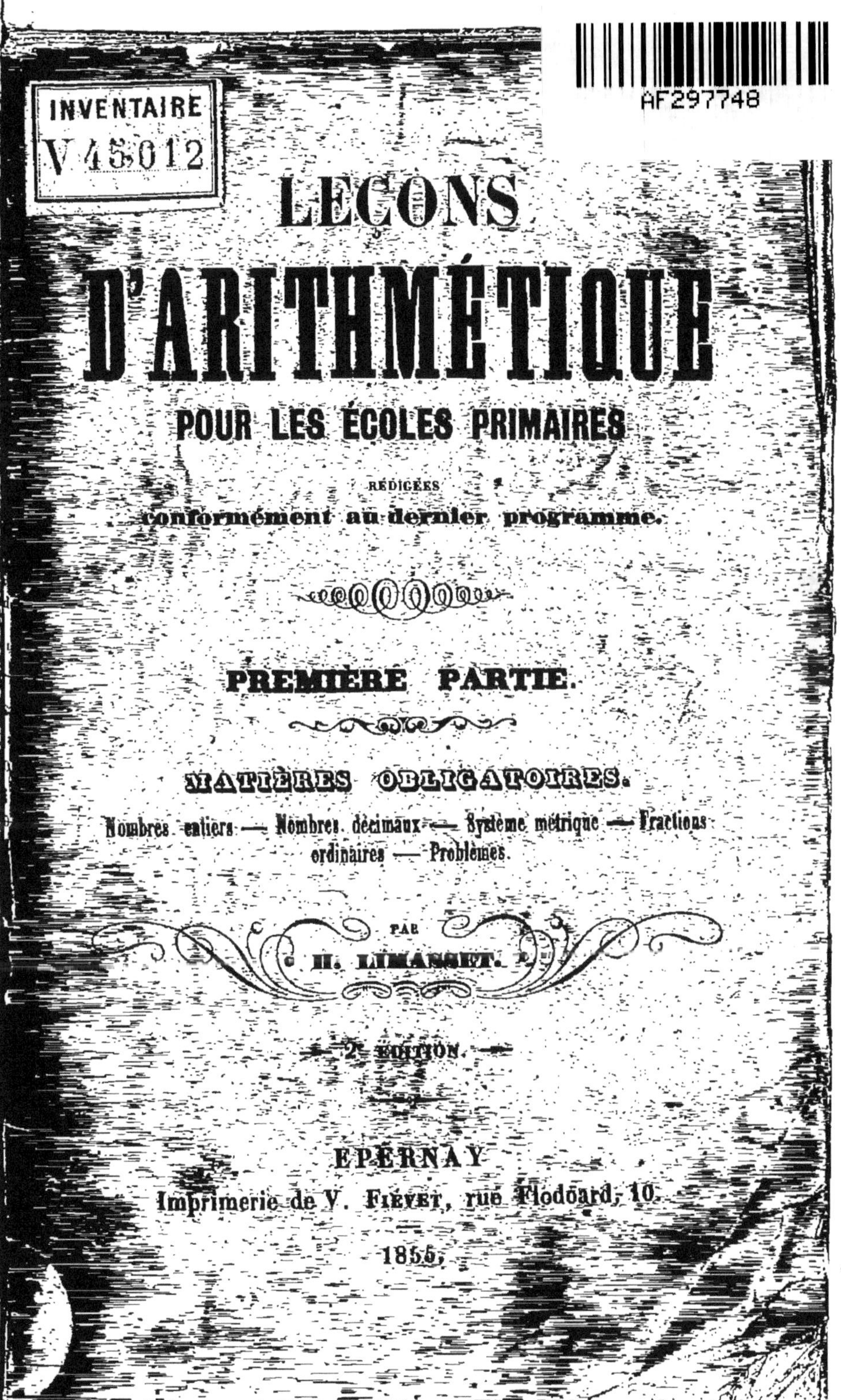

# LEÇONS
# D'ARITHMÉTIQUE

## POUR LES ÉCOLES PRIMAIRES

RÉDIGÉES

conformément au dernier programme.

### PREMIÈRE PARTIE.

### MATIÈRES OBLIGATOIRES.

Nombres entiers — Nombres décimaux — Système métrique — Fractions
ordinaires — Problèmes.

PAR

H. LIMASSET.

2ᵉ ÉDITION.

ÉPERNAY

Imprimerie de V. Fiévet, rue Flodoard, 10.

1855.

me persuadent : elles me forcent d'admettre la circulation du sang (1). » Ainsi, celui qui, quelque
temps auparavant, était l'antagoniste décidé de la circulation, qui la combattait avec force, devenait maintenant
le champion le plus ardent de la belle découverte d'Har-
vey! Et ne croyons pas que notre professeur, de guerre
lassé, se soumette tout bonnement aux arguments,
très-convaincants sans doute, de ses contradicteurs,
qu'il trouvât plus de commodité et, peut-être même,
plus d'honneur à se ranger du côté de ceux dont l'opi-
nion gagnait tous les jours du terrain : il nous apprend
lui-même qu'après plusieurs vivisections pratiquées sur
les chiens, il est, à son tour, parvenu à se convaincre
de la réalité du fait. Il n'est donc pas seulement vaincu
par la polémique de ses adversaires : il observe lui-même
la circulation du sang ; il en fait, en quelque sorte, une
seconde fois la découverte. Aussi ne dût-on à Plempius
que d'avoir propagé par sa parole grave et respectée ce
grand fait physiologique dans notre pays, il aurait déjà
suffisamment mérité la reconnaissance de la Belgique
médicale !

Indépendamment de la dispute sur la circulation
du sang, le livre de notre auteur eut encore à essuyer
d'autres critiques. Sans parler de Schenkius, profes-

---

(1) Primum mihi inventum hoc non placuit, quod et voce et scripto
publice testatus sum; sed dum postea ei refutando et explodendo ve-
hementius incumbo, refutor ipse et explodor. Adeo sunt rationis ejus
non persuadentes sed cogentes. *Fundamenta medicinæ*, 2e édition.

# LEÇONS

# D'ARITHMÉTIQUE

## POUR LES ÉCOLES PRIMAIRES

RÉDIGÉES

**conformément au dernier programme.**

## PREMIÈRE PARTIE.

### MATIÈRES OBLIGATOIRES.

Nombres entiers — Nombres décimaux — Système métrique — Fractions
ordinaires — Problèmes.

PAR

## H. LIMASSET.

— 2ᵉ ÉDITION. —

## EPERNAY

Imprimerie de V. Fiévet, rue Flodoard, 10.

1855.

# AVANT-PROPOS.

Le bienveillant accueil qu'a reçu ce traité d'Arithmétique, nous a fait un devoir de chercher à l'améliorer pour
le rendre de plus en plus utile.

Cette seconde édition a été revue avec soin ; elle a reçu
d'importants développements, et a été enrichie d'un grand
nombre de problèmes.

Nous avons divisé, en cinq livres, la première partie de
cet ouvrage ; la deuxième partie, qui traite des matières fa-
cultatives, forme un volume à part.

Le premier Livre comprend : la numération, l'addition,
la soustraction, la multiplication et la division des nombres
entiers.

Le deuxième : la numération, l'addition, la soustraction,
la multiplication, la division des nombres décimaux et le
système métrique.

Le troisième : la numération des fractions ordinaires ; la
réduction des fractions au même dénominateur et à leur
plus simple expression ; la conversion des fractions ordinaires en décimales et réciproquement ; l'addition, la sous-

traction, la multiplication et la division des fractions ordinaires.

Le quatrième : les solutions raisonnées des divers problèmes d'arithmétique par la méthode dite de réduction à
l'unité.

Le cinquième : des problèmes à résoudre.

Voici la manière dont ce livre nous paraît devoir être
le plus utilement employé dans les écoles.

L'art. 25 du règlement des écoles primaires porte : « L'en-
seignement de l'arithmétique, sans être purement mécanique,
ne sera pas trop scientifique »; nous disons, dans l'ensei-
gnement de l'arithmétique, la pratique doit toujours précé-
der la théorie; cependant, les élèves de six à huit ans, qui
commencent l'étude de cette science, doivent apprendre de
mémoire les définitions préliminaires, la manière d'écrire
et de lire un nombre entier, et les définitions des quatre
opérations fondamentales de l'arithmétique, en même
temps qu'on les exerce à écrire et à lire les nombres, d'a-
bord très-petits, ensuite de plus en plus grands, jusqu'à ce
qu'ils soient suffisamment exercés avec la numération. On
leur donne ensuite à calculer des additions, des soustractions, des multiplications et des divisions, avec la preuve
de chacune de ces opérations.

Les élèves de huit à dix ans sont tenus d'apprendre les
règles générales des quatre opérations sur les nombres entiers ; la numération des nombres décimaux et la manière
d'effectuer les quatre opérations sur ces nombres ; les définitions des unités principales du système métrique avec
leurs multiples et leurs sous-multiples. On donne à ces élèves des problèmes, d'abord très-simples, dont on exige la

solution raisonnée. On leur adresse aussi des questions orales qu'ils doivent résoudre avec toute la promptitude possible.

Enfin, les élèves des classes les plus avancées sont exercés sur le système métrique, sur les fractions ordinaires et sur les fractions décimales. Après avoir bien étudié les premiers principes, ces élèves n'éprouveront aucune difficulté à comprendre la théorie de ces dernières matières, et pourront toujours donner la solution raisonnée des problèmes les plus compliqués qu'ils auront à résoudre.

Nous avons donné les plus grands développements aux leçons sur le système métrique, car cette partie de l'arithmétique doit être enseignée d'une manière toute spéciale dans les écoles primaires.

Nous n'avons pas cru devoir négliger, dans cette première partie de notre ouvrage, quelques démonstrations qui, peut-être, paraîtront superflues dans plusieurs écoles primaires.

Ces démonstrations sont distinguées des autres par le petit-texte; elles peuvent être omises à une première lecture, ou complètement abandonnées par certains élèves; mais elles sont indispensables pour ceux qui se préparent à subir quelque examen.

Pour résoudre les divers problèmes d'arithmétique, nous conseillons d'employer, exclusivement à tout autre, le procédé connu sous le nom de méthode dite de réduction à l'unité.

Par ce procédé, les élèves s'habituent de bonne heure à analyser un problème, et surtout à se rendre compte de l'exactitude des opérations qu'ils ont effectuées.

Les définitions que nous avons adoptées, sont celles qui nous ont paru les plus simples, les plus claires, le plus en harmonie avec l'intelligence des élèves, pour lesquels ce livre a été composé.

Nous avons placé, à la fin de chaque leçon, un questionnaire au moyen duquel les élèves peuvent s'assurer s'ils possèdent convenablement la leçon.

## Signes employés dans cet Ouvrage.

$+$..signifie *plus*...... ainsi $5 + 4$...... s'énonce 5 *plus* 4.

$-$.......... *moins*. ..........$5 - 4$............. 5 *moins* 4.

$\times$ ......... *multiplié par*. . $5 \times 4$............. 5 *multiplié par* 4.

$:$ ou $-$..... *divisé par*.....$\frac{5}{4}$ ou $5 : 4$......... 5 *divisé par* 4.

$=$.......... *égale*. .........$5 \times 4 = 20$........ $5 \times 4$ *égale* 20.

# LEÇONS
# D'ARITHMÉTIQUE
## POUR LES ÉCOLES PRIMAIRES.

## PREMIER LIVRE.

**Définitions préliminaires -- Numération -- Addition
Soustraction -- Multiplication -- Division des nombres entiers.**

## PREMIÈRE LEÇON.

### Définitions préliminaires.

**1.** — On appelle *grandeur* ou *quantité* tout ce qui peut être augmenté ou diminué ; les lignes, les surfaces, les volumes..... sont des quantités.

**2.** — L'*unité* est une quantité d'une grandeur connue, prise pour servir de terme de comparaison à toutes les quantités de même espèce.

**3.** — Un *nombre* est le résultat de la comparaison d'une grandeur quelconque à l'unité de son espèce.

**4.** — Il y a trois sortes de nombres : le nombre entier, la fraction et le nombre fractionnaire.

**5.** — Le nombre entier est la réunion de plusieurs unités entières de même espèce.

**6.** — La fraction est une ou plusieurs parties égales de l'unité.

**7.** — Le nombre fractionnaire est celui qui se compose d'un nombre entier et d'une fraction.

**8.** — On appelle nombre concret celui dont on désigne l'espèce des unités ; comme quatre mètres, vingt francs.

9. — On appelle nombre abstrait celui dont on ne désigne pas l'espèce des unités, comme douze, trente, soixante.

10. — *L'arithmétique* est la science qui fait connaître les nombres et qui apprend à calculer.

### Questionnaire.

1. Qu'appelle-t-on grandeur ou quantité? — 2. Qu'est-ce que l'unité? — 3. Qu'est-ce qu'un nombre? — 4. Combien y a-t-il de sortes de nombres? — 5. Qu'est-ce que le nombre entier? — 6. Qu'est-ce que la fraction? — 7. Qu'est-ce que le nombre fractionnaire? — 8. Qu'appelle-t-on nombre concret? — 9. Qu'appelle-t-on nombre abstrait? — 10. Qu'est-ce que l'arithmétique?

---

## 2e LEÇON.

### FORMATION DES NOMBRES. — NUMÉRATION PARLÉE.

#### Formation des nombres.

11. — Les nombres ont été formés par l'addition successive de l'unité avec elle-même : ainsi, en ajoutant une unité à une unité de même espèce on a obtenu un nombre; en ajoutant à ce nombre une nouvelle unité, on a eu un nouveau nombre, et ainsi de suite. Il y a donc une infinité de nombres; car quel que soit le dernier nombre obtenu, on peut encore lui ajouter une unité, et avoir ainsi un nouveau nombre.

#### Numération parlée.

12. — La numération est la partie de l'arithmétique qui apprend à énoncer et à représenter tous les nombres.

13. — Il y a deux sortes de numérations: la numération parlée et la numération écrite.

14. — La numération parlée est l'art d'énoncer tous les nombres possibles au moyen d'un petit nombre de mots combinés entre eux d'une manière convenable.

15. — On entend par système de numération parlée, l'ensemble des conventions qu'on a établies pour donner des noms à tous les nombres.

**16.** — Les nombres, ayant été formés par l'addition successive de l'unité avec elle-même, ont été nommés : le premier *un*, le suivant, *deux*, les autres, *trois*, *quatre*, *cinq*, *six*, *sept*, *huit*, *neuf*, *dix*. La réunion de ces dix unités a été nommée dizaine, ou unité du deuxième ordre, par rapport à la première, qui a été nommée unité simple ou du premier ordre.

On a ensuite compté par dizaines comme par unités simples, on a dit : *une* dizaine, *deux* dizaines, *trois*, *quatre*, *cinq*, *six*, *sept*, *huit*, *neuf* dizaines ; ou mieux : *dix*, *vingt*, *trente*, *quarante*, *cinquante*, *soixante*, *septante*, *octante*, *nonante*. Les trois dernières dénominations ont été remplacées par celles-ci : *soixante-dix*, *quatre-vingts*, *quatre-vingt-dix*.

Entre chaque unité consécutive de dizaines, c'est-à-dire, entre dix et vingt, entre vingt et trente, entre trente et quarante,...... il existe neuf nombres, auxquels on a donné les noms des neuf premiers nombres énoncés ; on a eu :

Dix - un, dix - deux, dix-trois, dix-quatre, dix-cinq, dix-six, dix-sept, dix-huit, dix-neuf,
vingt-un, vingt-deux, ......., ........, ......., ......, ......, ......., vingt-neuf,
......., ........., ......., ........, ......., ......, ......, ......., ........,
......., ........, ......., ........, ......., ......, ......, ......., ........,
......., ........., ......., ........, ......., ......, ......, ......., ........,
......., ........, ......., ........, ......., ....., ......, ......., ........,
......., ....... , ......., ........, ......., ....., ......, ......., ........,
quatre-vingt-onze, quatre-vingt-douze................................... quatre-vingt-dix-neuf.

Au lieu de *dix-un*, *dix-deux*..... *dix-six*, l'usage a consacré les dénominations suivantes : onze, douze, treize, quatorze, quinze, seize.

Le nombre qui vient après quatre-vingt-dix-neuf a été nommé cent ou centaine *(la centaine est l'unité du 3ᵉ ordre)* ; on a compté par centaines, comme par dizaines et par unités simples ; on a dit : *une* centaine, *deux* centaines, *trois*, *quatre*, *cinq*, *six*, *sept*, *huit*, *neuf* centaines ; ou cent, *deux* cents, *trois* cents, *quatre* cents, *cinq* cents, *six* cents, *sept* cents, *huit* cents, *neuf* cents.

Entre chaque unité consécutive de centaines, c'est-à-dire entre cent et deux cents, entre deux cents et trois cents,.... il existe quatre-vingt-dix-neuf nombres, auxquels on a donné les noms des quatre-vingt-dix-neuf premiers nombres énoncés ; on a eu :

Cent un, cent deux, ...................., cent quatre-vingt-dix-neuf,
deux cent un, deux cent deux, ......, deux cent quatre-vingt-dix-neuf.
................, ................, ......, ..........................,
................, ................, ......, ..........................,
neuf cent un, neuf cent deux, ......, neuf cent quatre-vingt-dix-neuf.

Le nombre qui vient après neuf cent quatre-vingt-dix-neuf, a été nommé mille, ou unité du quatrième ordre.

On a considéré mille comme une nouvelle espèce d'unité, et on a compté par unités, dizaines et centaines de mille, comme par unités, dizaines et centaines d'unités simples ; on a dit : *un* mille, *deux* mille..... *neuf* mille ; *une* dizaine de mille, *deux* dizaines de mille..... *neuf* dizaines de mille ; *une* centaine de mille, *deux* centaines de mille..... *neuf* centaines de mille ; ou mieux : *dix* mille, *vingt* mille..... *quatre-vingt-dix* mille ; *cent* mille ; *deux* cent mille..... *neuf* cent mille... *neuf* cent *quatre-vingt-dix-neuf* mille ;

Entre chaque unité consécutive de mille, c'est-à-dire entre un mille et deux mille, entre deux mille et trois mille,... il existe neuf cent quatre-vingt-dix-neuf nombres, auxquels on a donné les noms des neuf cent quatre-vingt-dix-neuf premiers nombres énoncés ; on a eu :

Mille un, mille deux, ..........., mille neuf cent quatre-vingt-dix-neuf ;
deux mille un, deux mille deux, ......., deux mille neuf cent quatre-vingt-dix-neuf.
..................................,......., ..............................,
..................................,......., ..............................,
Dix mille un, dix mille deux, ..., dix mille neuf cent quatre-vingt-dix-neuf
..................................,......., ..............................,
..................................,......., ..............................,
Cent mille un, cent mille deux, ......., cent mille neuf cent quatre-vingt-dix-neuf.
..................................,......., ..............................,
..................................,......., ..............................,
Neuf cent quatre-vingt-dix-neuf mille un, ......., neuf quatre-vingt-dix-neuf mille neuf cent quatre-vingt-dix-neuf.

Une dizaine de mille est l'unité du *cinquième ordre* ; une centaine de mille est l'unité du *sixième ordre.*

Une collection de mille mille a été nommée million. On a compté par unités, dizaines et centaines de millions, comme par unités, dizaines et centaines de mille.

Une collection de mille millions a été nommée billion ou *milliard*; celle de mille billions a été nommée trillion; celle de mille trillions, quatrillion.....

Par ce moyen, avec un nombre limité de mots, on est parvenu à énoncer tous les nombres imaginables.

17. — Le système de numération parlée est appelé système décimal, parce que le nombre dix en est la base.

18. — On appelle classe la réunion de trois ordres d'unités.

### Tableau des ordres d'unités.

| 6e Classe. | 5e Classe. | 4e Classe. BILLIONS. | | | 3e Classe. MILLIONS. | | | 2e Classe. MILLE. | | | 1re Classe. Unités Simples. | | |
|---|---|---|---|---|---|---|---|---|---|---|---|---|---|
| Quatrillions. | Trillions. | Centaines de billion. 12e ordre. | Dizaines de billion. 11e ordre. | Unités de billion. 10e ordre. | Centaines de million. 9e ordre. | Dizaines de million. 8e ordre. | Unités de million. 7e ordre. | Centaines de mille. 6e ordre. | Dizaines de mille. 5e ordre. | Unités de mille. 4e ordre. | Centaines. 3e ordre. | Dizaines. 2e ordre. | Unités simples. 1er ordre. |

19. — Le système de numération parlée est fondé sur ces deux conventions : 1° Que dix unités d'un même ordre forment une unité d'un ordre supérieur; 2° que la réunion de trois ordres d'unités forme une unité d'une classe supérieure qu'on appelle, pour cette raison, classe ternaire.

### Questionnaire.

11. Comment les nombres ont-ils été formés? — 12. Qu'est-ce que la numération? — 13. Combien y a-t-il de sortes de numérations? — 14. Qu'est-ce que la numération parlée? — 15. Qu'entend-on par système de numération parlée? — 16. Développez le système de numération parlée? — 17. Pourquoi ce système est-il appelé décimal? — 18. Qu'appelle-t-on classe? — 19. Sur quoi est fondé le système de numération parlée?

## 3e LEÇON.

### Numération écrite.

**20.** — La numération écrite est l'art de représenter tous les nombres au moyen de dix caractères appelés chiffres.

**21.** — Les caractères ou chiffres que l'on a adoptés pour représenter tous les nombres sont :

1   2   3   4   5   6   7   8   9   0

un, deux, trois, quatre, cinq, six, sept, huit, neuf, zéro.

**22.** — Le système de numération écrite consiste dans les deux conventions suivantes :

1° Tout chiffre placé à la gauche d'un autre représente des unités d'un ordre immédiatement supérieur ; c'est-à-dire, si plusieurs chiffres sont écrits les uns à la suite des autres, le premier à droite représente les unités simples ; le second, les dizaines ; le troisième, les centaines ; le quatrième, les mille ; le cinquième, les dizaines de mille, et ainsi de suite.

2° Le zéro, étant un chiffre qui n'a pas de valeur par lui-même, sert à remplacer les unités des différents ordres qui manquent dans l'énoncé d'un nombre.

Ainsi, pour représenter le nombre quarante-sept, qui se compose de *sept* unités et de *quatre* dizaines, on écrit : 47.

Le nombre deux cent quarante-cinq, s'écrit : 245.

Le nombre soixante-dix, qui contient sept dizaines sans unités simples, s'écrit . 70.

Le nombre huit cents, qui ne contient que huit centaines, s'écrit : 800.

**23.** — On appelle chiffres significatifs, tous les chiffres autres que zéro.

**24.** — Les chiffres significatifs ont deux valeurs : l'une, nommée valeur *absolue*, est celle d'un chiffre considéré seul ; l'autre, nommée valeur *locale* ou *relative*, est celle d'un chiffre considéré par rapport au rang qu'il occupe dans un nombre.

**25.** — Il résulte du système de numération parlée que les nombres se divisent en classes : unités, mille, millions......; que chaque classe se compose d'unités, dizaines, centaines ; de plus, ces diverses collections d'unités s'écrivent les unes à la suite des autres, de manière que les unités qui expriment la classe la plus élevée occupent le premier rang à gauche; que celles de la classe immédiatement inférieure viennent après, et ainsi de suite. D'où l'on conclut que :

26. — Pour écrire un nombre entier, il faut écrire la classe qui renferme les plus hautes unités, et à sa droite les autres classes par ordre de grandeur des unités, en ayant soin de remplacer par des zéros les différents ordres d'unités, et par trois zéros les différentes classes qui peuvent manquer dans l'énoncé d'un nombre.

Le nombre dix-sept millions vingt-cinq mille sept, s'écrit:

17 025 007.

Le nombre six billions trente mille huit, s'écrit :

6 000 030 008.

27. — Pour lire un nombre entier, il faut, à partir de la droite, séparer ce nombre en classes de trois chiffres, la première classe est celle des unités ; la seconde, celle des mille ; la troisième, celle des millions...... (*la dernière classe peut ne contenir que deux et même qu'un chiffre*) ; ensuite, en allant de gauche à droite, énoncer successivement chaque classe comme si elle était seule, en lui donnant le nom des unités qu'elle représente.

Le nombre 789 000 605 s'énonce : sept cent quatre-vingt-neuf *millions* six cent cinq unités.

Le nombre 7 080 006 004 s'énonce : sept *billions* quatre-vingts *millions* six *mille* quatre *unités*.

## Questionnaire.

20. Qu'est-ce que la numération écrite ? — 21. Quels sont les caractères qu'on a adoptés pour représenter tous les nombres ? — 22. En quoi consiste le système de numération écrite ? — 23. Qu'appelle-t-on chiffres significatifs ? — 24. Combien les chiffres significatifs ont-ils de valeurs ? — 26. Comment écrit-on un nombre entier ? — 27. Comment lit-on un nombre entier ?

---

## 4e LEÇON.

### Addition des nombres entiers.

28. — L'*addition* est une opération qui a pour but de réunir en un seul plusieurs nombres de même espèce.

**29.** — Le résultat de cette opération s'appelle somme ou total.

**30.** — Pour faire l'addition de plusieurs nombres d'un seul chiffre, il faut ajouter au premier nombre toutes les unités contenues dans le second, puis ajouter à ce premier résultat, toutes les unités contenues dans le troisième nombre, et ainsi de suite jusqu'au dernier nombre proposé, inclusivement.

EXEMPLE. Soit proposé d'additionner les quatre nombres suivants : 5, 3, 4 et 6.

Pour y parvenir, je commence par ajouter au premier nombre 5 toutes les unités contenues dans le second ; je dis : $5 + 1 = 6 + 1 = 7 + 1 = 8$ ; à ce premier résultat, j'ajoute toutes les unités contenues dans le troisième nombre ; je dis : $8 + 1 = 9 + 1 = 10 + 1 = 11 + 1 = 12$ ; j'obtiens $8 + 4 = 12$ ; enfin, j'ajoute à ce second résultat toutes les unités de 6, j'obtiens $12 + 6 = 18$.

J'ai donc pour la somme demandée $5 + 3 + 4 + 6 = 18$.

Dans la pratique on dit : 5 et 3 font 8, 8 et 4 font 12, 12 et 6 font 18.

**31.** — RÈGLE GÉNÉRALE. Pour faire l'addition, il faut placer les nombres proposés les uns sous les autres, de manière que les unités de même ordre se correspondent dans une même colonne verticale ; c'est-à-dire que les unités soient sous les unités, les dizaines, sous les dizaines, les centaines, sous les centaines....., puis souligner le tout. Ensuite, à partir de la première colonne à droite, faire la somme des unités contenues dans cette colonne ; si cette somme ne surpasse pas 9, l'écrire telle qu'on l'obtient ; si elle surpasse 9, n'écrire que les unités sous la colonne des unités, et retenir les dizaines pour les porter à la colonne des dizaines ; opérer sur celle-ci et sur les suivantes comme sur celle des unités, en ayant soin d'écrire sous la dernière colonne, la somme telle qu'on la trouve.

EXEMPLE. Soit proposé de faire la somme des trois nombres suivants :

$$864, \ 748 \ \text{et} \ 697$$

Effectuer cette opération, c'est, d'après la définition de l'addition, calculer un nombre, appelé somme ou total, qui ait à lui seul la même valeur que les trois nombres donnés.

Pour y parvenir, je place ces trois nombres comme il suit ; puis je dis :

|       |                                    |                       |
|-------|------------------------------------|-----------------------|
| 8 6 4 | 4 et 8 font 12 et 7 font 19        | je pose 9 et retiens  |
| 7 4 8 | 1 et 6.... 7 et 4.... 11 et 9 font 20, | je pose 0 et retiens  |
| 6 9 7 | 2 et 8....10 et 7.... 17 et 6.... 23, | j'écris 23.           |

2 3 0 9

La somme est donc 2309.

**32.** — En effet, 2309, ainsi obtenu, se compose de toutes les unités, de toutes les dizaines, de toutes les centaines contenues dans les trois nombres donnés, il a donc à lui seul la même valeur que ces trois nombres ; 2309 est donc la somme de ces nombres.

**33.** — On commence l'addition par la droite, afin de pouvoir reporter facilement à la colonne suivante à gauche, les unités d'un ordre supérieur provenant de l'addition de la colonne précédente.

Si l'on commençait par la gauche, ces reports ne pourraient avoir lieu sans rectifier à chaque colonne le résultat qu'on aurait écrit avant d'avoir additionné les chiffres de la colonne suivante à droite.

**34.** — On emploie l'addition dans tous les cas où il s'agit d'obtenir la somme de plusieurs nombres donnés de même espèce, et quand il s'agit d'augmenter un nombre d'un ou de plusieurs nombres donnés.

**35.** — En général, on appelle preuve d'une opération, une seconde opération que l'on fait pour s'assurer de l'exactitude de la première.

**36.** — Pour faire la preuve de l'addition, il faut compter les chiffres de chaque colonne à partir du bas, si la première fois on les a comptés à partir du haut, et si le résultat de l'opération qui sert de preuve est le même que le résultat de la première opération, il est probable qu'il n'y a pas d'erreur. Dans le cas contraire, il faut recommencer l'opération.

**37.** — PROBLÈME. *Un propriétaire possède 1° une maison évaluée 18500 francs; 2° un jardin, 4320 fr.; 3° un bois. 17000 fr.; 4° 12735 fr. d'argent prêté : quelle est sa fortune ?*

Solution. Si ce propriétaire possède 1° une maison évaluée à..  18500  fr.

                              2° un jardin............  4320  fr.

                              3° un bois............  17000  fr.

                              4° en argent prêté.....  12735  fr.

                              Sa fortune se compose de..  52555  fr.

Pour résoudre ce problème, il est évident qu'il s'agissait de réunir en un seul les quatre nombres donnés.

## Questionnaire.

28. Qu'est-ce que l'addition ? — 29. Comment s'appelle le résultat de cette opération ? — 30. Comment fait-on l'addition de plusieurs nombres d'un seul chiffre ? — 31. Comment fait-on l'addition ? — 32. Démontrez que le résultat obtenu est la somme cherchée ? — 33. Pourquoi commence-t-on l'addition par la droite ? — 34. Dans quel cas emploie-t-on l'addition ? — 35. Qu'appelle-t-on preuve ? — 36. Comment fait-on la preuve de l'addition ?

# CALCUL MENTAL.

## Exercices pour les Commençants.

*On fait résoudre de vive voix, par les enfants, les problèmes suivants et d'autres semblables.*

1. Louis avait 4 feuilles de papier ; il en a acheté 8 : combien en a-t-il maintenant ?

2. Jules a 3 moineaux dans une cage, 5 mésanges dans une autre, et 6 petits serins dans une troisième : combien a-t-il d'oiseaux ?

3. Jacques a dépensé avant-hier 10 centimes, hier 5 et aujourd'hui 15 : qu'a-t-il dépensé ?

4. Un pauvre vieillard, qui demandait l'aumône, a reçu 6 sous d'une personne, 11 d'une autre et 7 d'une troisième : combien a-t-il reçu de sous ?

5. Un berger qui avait 19 moutons, en a acheté 11 à Pierre et 7 à Mathieu : combien a-t-il maintenant de moutons ?

6. Il y a 3 divisions dans une école : 25 élèves sont dans la 3ᵉ, 15 dans la 2ᵉ, et 9 dans la première : combien d'élèves en tout ?

7. Une maison a 7 croisées au rez-de-chaussée, 13 au premier étage, et 17 aux deux autres : dites le nombre total ?

8. Une femme demande le nombre de litres de lait que ses 5 vaches lui donnent par jour : elle en a 6 d'une, 9 d'une autre, 11 de la 3ᵉ, 15 de la 4ᵉ et 19 de la cinquième ?

9. Pouvez-vous dire en quelle année Léopold aura 17 ans, il est né en 1849?

10. Alphonse a vendu 3 charretées de pommes : il a retiré 9 francs de la 1re, 11 de la 2e, et il a vendu la 3e pour autant de francs que les deux premières : quel est le total de tous ces francs-là ?

## 5e LEÇON.

### Soustraction des nombres entiers.

38. — La *soustraction* est une opération qui a pour but de chercher de combien un nombre en surpasse un autre de même espèce ?

39. — Le résultat de cette opération se nomme *reste*, *excès* ou *différence*.

40. — Pour faire la soustraction de deux nombres, quand le plus petit n'a qu'un chiffre, et que le plus grand est moindre que le plus petit augmenté de dix, il faut retrancher du plus grand nombre successivement toutes les unités contenues dans le plus petit.

EXEMPLE. Soit proposé de soustraire 7 de 12.

Pour y parvenir, je dis : $12-1=11-1=10-1=9-1=8-1=7-1=6-1=5$, et j'obtiens pour le reste demandé $12-7=5$ ; dans la pratique, on dit : 7 de 12 reste 5.

On peut encore chercher quel nombre il faut ajouter à 7 pour obtenir 12, on trouve que ce nombre est 5.

41. — RÈGLE GÉNÉRALE. Pour faire la soustraction, il faut écrire le plus petit nombre sous le plus grand, de manière que les unités de même ordre se correspondent dans une même colonne verticale, c'est-à-dire, que les unités soient sous les unités; les dizaines, sous les dizaines; les centaines, sous les centaines. .... puis souligner le tout. Ensuite, à partir de la droite, soustraire successivement de chaque chiffre du nombre supérieur son correspondant inférieur, et écrire les restes sous chaque colonne ou zéro s'il ne reste rien.

Si le chiffre inférieur est plus fort que son correspondant supérieur, pour rendre la soustraction possible, il faut augmenter le chiffre supérieur de dix unités de son ordre, puis effectuer la soustraction.; mais, pour ne pas altérer la valeur du reste, on augmente d'une unité de son ordre le chiffre inférieur immédiatement à gauche.

**EXEMPLE.** Soit à soustraire 475 de 628.

Effectuer cette opération, c'est, d'après la définition de la soustraction, chercher de combien le plus grand nombre 628 surpasse le plus petit 475.

Pour y parvenir, je place les nombres comme il suit, et je dis :

```
628    5 de 8.............. reste 3........... je pose 3.
475    7 de 2 cela ne se peut, j'ajoute 10 à 2, j'ai 12 ; 7 de 12 reste 5
                                              je pose 5 et retiens
153    1 et 4...5, 5 de 6......... reste 1...... je pose 1.
```

42. — Le nombre 153, ainsi obtenu, est la différence demandée. En effet, pour obtenir ce nombre, j'ai successivement soustrait des unités, des dizaines, des centaines du nombre supérieur, les unités, les dizaines, les centaines du nombre inférieur ; j'ai donc soustrait de toutes les parties du plus grand nombre, toutes les parties du plus petit, le nombre 153 est donc la différence des deux nombres donnés.

43. — Il serait indifférent de commencer la soustraction par la droite ou par la gauche, si chaque chiffre du nombre supérieur était plus fort que son correspondant du nombre inférieur ; mais, comme il arrive que très-souvent le contraire a lieu, et que l'on est obligé de faire des emprunts sur le chiffre supérieur à la droite duquel il s'en trouve un plus faible que son correspondant inférieur, si l'on commençait par la gauche, ces emprunts ne pourraient avoir lieu sans rectifier des chiffres déjà écrits ; c'est pour ce motif que l'on commence toujours la soustraction par la droite.

44. — La soustraction s'emploie quand on veut connaître la différence entre deux nombres, l'excès d'un nombre sur un autre ; diminuer un nombre donné d'un autre nombre donné ; connaissant la somme de deux parties et une des parties déterminer l'autre partie, etc. ; car, il est évident que la question, dans chacun de ces cas, revient à soustraire du plus grand des deux nombres autant d'unités qu'il y en a dans le plus petit.

45. — Pour faire la preuve de la soustraction, il faut ajouter le reste au plus petit nombre, et la somme trouvée

doit être égale au plus grand nombre, si l'opération a été bien faite.

**46.** — PROBLÈME. *Un marchand devait donner le 1er janvier 78436 francs qu'il devait; à cette époque, il n'a pu donner que 77945 fr.: quelle somme doit-il encore?*

SOLUTION. Le 1er janvier ce marchand devait payer.. 78436 fr.
       *id.*     il n'a pu donner que..... 77945 fr.

            Il doit donc encore...... 491 fr.

PREUVE.   77945   plus petit nombre.
         491   reste.

        78436   somme égale au plus grand nombre.

## Questionnaire.

38. Qu'est-ce que la soustraction? — 39. Comment se nomme le résultat de cette opération? — 40. Comment fait-on la soustraction de deux nombres, quand le plus petit n'a qu'un chiffre, et que le plus grand est moindre que le plus petit augmenté de dix? — 41. Comment fait-on la soustraction? — 42. Le résultat obtenu est-il la différence demandée? — 43. Pourquoi commence-t-on la soustraction par la 1re colonne à droite? — 44. Quand emploie-t-on la soustraction? — 45. Comment fait-on la preuve de la soustraction?

## CACUL MENTAL.

### Exercices pour les Commençants.

1. Pierre avait 5 moineaux, 4 mésanges et 6 petits serins : le chat a croqué les serins, combien reste-t-il d'oiseaux à Pierre?

2. Jacques veut acheter un âne dont on lui demande 17 francs; mais il n'a que 9 francs : combien lui manque-t-il?

3. Je pense deux nombres dont la différence est 9 ; le plus grand est 24 : quel est le deuxième?

4. On demande à un enfant son âge, il répond : J'ai autant d'années qu'il y a de fois un entre 11 et 19 : quel âge a-t-il?

5. Georges a fait, en trois jours, un trajet de 21 lieues ; il en fait 6 le premier jour, huit le second : combien le troisième?

6. Une personne a vendu pour 180 francs une vache qui lui avait coûté 197 francs : combien a-t-elle perdu?

7. Cent voitures de fumier frais sont réduites à 78 voitures de fumier consommé : quelle est la perte?

8. Le lin récolté sur un hectare peut valoir 3,000 francs; les frais de culture s'élèvent à environ 1,200 francs : quel est le bénéfice?

9. On compte dans le département de la Marne à peu près 145 jours de pluie par an : combien de jours sans pluie ?

10. Une vache laitière qui reste constamment à l'étable, donne par an 28 voitures de fumier : si elle va au pâturage, elle n'en donne que 15 au plus : quel profit retire-t-on, pour le fumier, d'une vache qui ne va pas aux champs ?

11. Le poids de l'avoine est très-variable ; l'hectolitre pèse de 35 à 55 kilogrammes. Dites la différence du poids minimum au poids maximum ?

12. Un jardin a une superficie de 37 ares, un autre jardin a une superficie de 29 ares : de combien le premier est-il plus grand que le second ?

13. Un troupeau de moutons comptait 125 têtes il y a un mois ; 25 moutons ont péri par suite d'une maladie, et 15 ont été volés : combien de têtes compte-t-on maintenant dans ce troupeau ?

---

## 6ᵉ LEÇON.

### Multiplication des nombres entiers.

47. — La *multiplication* est une opération qui a pour but de calculer un 3ᵉ nombre, appelé *produit*, qui contienne un premier nombre, appelé multiplicande, autant de fois qu'un 2ᵉ nombre, appelé multiplicateur, contient l'unité.

Le multiplicande et le multiplicateur sont les facteurs du produit.

48. — La multiplication n'est que l'abrégé de l'addition, car on obtient le produit de deux nombres en faisant la somme d'autant de nombres égaux au multiplicande qu'il y a d'unités au multiplicateur.

En effet, le produit de $5 \times 4$ est égal à 5 ajouté 4 fois à lui-même.

$$5 \times 4 = 5 + 5 + 5 + 5 = 20.$$

49. — Ce procédé deviendrait trop long pour faire le produit de deux nombres, surtout quand le multiplicateur serait composé d'un grand nombre de chiffres. On a cherché à l'abréger.

Pythagore, à cet effet, a construit une table qui porte son nom ou celui de table de multiplication.

## Table de multiplication.

Lignes horizontales.

| 1 | 2 | 3 | 4 | 5 | 6 | 7 | 8 | 9 |
|---|---|---|---|---|---|---|---|---|
| 2 | 4 | 6 | 8 | 10 | 12 | 14 | 16 | 18 |
| 3 | 6 | 9 | 12 | 15 | 18 | 21 | 24 | 27 |
| 4 | 8 | 12 | 16 | 20 | 24 | 28 | 32 | 36 |
| 5 | 10 | 15 | 20 | 25 | 30 | 35 | 40 | 45 |
| 6 | 12 | 18 | 24 | 30 | 36 | 42 | 48 | 54 |
| 7 | 14 | 21 | 28 | 35 | 42 | 49 | 56 | 63 |
| 8 | 16 | 24 | 32 | 40 | 48 | 56 | 64 | 72 |
| 9 | 18 | 27 | 36 | 45 | 54 | 63 | 72 | 81 |

Colonnes verticales.

50. — Pour former cette table, j'écris les 9 premiers nombres sur une ligne horizontale, j'ajoute à lui-même chacun des nombres de cette ligne, j'obtiens une seconde ligne qui renferme chacun des 9 premiers nombres répétés 2 fois, ou leurs produits par 2. Pour avoir la 3e ligne, j'ajoute à chacun des nombres de la 2e ligne, son correspondant de la première, je répète ainsi chacun des 9 premiers nombres 3 fois, j'ai donc leurs produits par 3. Je continue d'ajouter à chacun des nombres de la dernière ligne formée son correspondant de la première, j'arrive ainsi à la 9e ligne qui renferme les produits de chacun des neuf premiers nombres par 9.

51. — Pour trouver, au moyen de cette table, le produit de deux nombres d'un seul chiffre chacun, je prends le multiplicande dans la première ligne horizontale, je descends verticalement jusqu'à la rencontre du multiplicateur qui se trouve dans la première colonne verticale : la case qui cor-

respond au multiplicande et au multiplicateur renferme le produit cherché. Je trouve ainsi que le produit de $8 \times 7 = 56$.

**52.** — Pour multiplier un nombre entier quelconque par l'unité suivie d'un ou de plusieurs zéros, il suffit de placer à la droite de ce nombre, autant de zéros qu'il y en a à là droite de l'unité. En effet, si l'on écrit, par exemple, deux zéros à la droite d'un nombre, il est évident que chacun de ses chiffres aura reculé de deux rangs vers la gauche, et représentera ainsi des unités cent fois plus grandes (22) : donc toutes les parties du nombre proposé étant devenues cent fois plus grandes, ce nombre est lui-même devenu cent fois plus grand, c'est-à-dire qu'il a été multiplié par cent. Ainsi $27 \times 100 = 2700$.

**53.** — On démontrerait de la même manière que si un nombre entier est terminé par des zéros, on le rendra 10, 100, 1000... fois plus petit en supprimant sur sa droite 1, 2, 3... zéros.

**54.** — RÈGLE GÉNÉRALE. — Pour faire la multiplication, il faut écrire le multiplicateur sous le multiplicande et souligner le multiplicateur. Ensuite, répéter les unités, les dizaines, les centaines... du multiplicande successivement par les unités, les dizaines, les centaines... du multiplicateur ; placer les différents produits partiels les uns sous les autres de manière à les reculer chacun d'un rang vers la gauche par rapport au précédent ; ou que le chiffre à droite de chaque produit partiel corresponde au chiffre du multiplicateur qui l'a fourni ; souligner ces différents produits partiels, en faire la somme pour obtenir le produit demandé.

EXEMPLE. Soit proposé de multiplier 256 par 328.

Pour y parvenir, je dispose l'opération comme il suit, et je dis :

```
  256      8 fois 6 font 48............ je pose 8 et retiens 4
  328      8 fois 5......40 et 4.. 44, je pose 4 et retiens 4
 ____      8 fois 2......16 et 4.. 20, je pose 20.
 2048      2 fois 6......12............ je pose 2 et retiens 1
  512      2 fois 5......10 et 1.. 11, je pose 1 et retiens 1
  768      2 fois 2...... 4 et 1..  5, je pose 5
 ____      3 fois 6......18............ je pose 8 et retiens 1
83968      3 fois 5......15 et 1...16, je pose 6 et retiens 1
           3 fois 2...... 6 et 1...  7, je pose 7.
```

**55.** — Je souligne ces trois produits partiels, j'en fais la somme, et le nombre 83968 que j'obtiens, est le produit demandé.

En effet, ce produit se compose de 8 fois $+$ 20 fois $+$ 300 fois tout le multiplicande; il se compose donc de 328 fois tout le multiplicande; il contient donc ce dernier autant de fois que le multiplicateur contient l'unité : c'est donc le produit demandé.

**56.** — DÉMONSTRATION. — Effectuer cette opération, c'est, d'après la définition de la multiplication, chercher un 3ᵉ nombre appelé produit, qui contienne le multiplicande 256, autant de fois que le multiplicateur 328 contient l'unité.

Or, le multiplicateur contient 300 $+$ 20 $+$ 8 unités, le produit contiendra donc 8 fois $+$ 20 fois $+$ 300 fois 256.

Pour répéter 8 fois 256, il suffit de répéter successivement 8 fois les 6 unités, 8 fois les 5 dizaines, et 8 fois les 2 centaines de 256, en ayant soin de n'écrire que les unités de ces différents produits partiels, et de retenir leurs dizaines pour les joindre au produit partiel suivant.

Ainsi, je dis : 8 fois 6 unités font 48 unités ou 8 unités et 4 dizaines, j'écris les 8 unités et retiens les 4 dizaines pour les joindre au produit des dizaines; 8 fois 5 dizaines font 40 dizaines et 4 dizaines font 44 dizaines ou 4 dizaines et 4 centaines, j'écris les 4 dizaines à la gauche du chiffre des unités et retiens les 4 centaines pour les joindre au produit des centaines; 8 fois 2 centaines font 16 centaines et 4 centaines font 20 centaines, que j'écris à la gauche du chiffre des dizaines, j'obtiens ainsi 2048 pour premier produit partiel.

Pour répéter 20 fois 256, il suffit de répéter 2 fois 256, ce qui donne 512, puis de répéter 10 fois ce produit; car il est évident que le nombre ainsi obtenu contient 10 fois 2 fois ou 20 fois 256. Or, pour répéter 10 fois le produit de 256 $\times$ 2, il suffit de placer un zéro sur sa droite (52) ; mais le premier chiffre de 512, produit de 256 $\times$ 2 exprime des dizaines, on peut donc se dispenser d'écrire un zéro sur sa droite, pourvu que l'on place 512 sous le premier produit partiel de manière que son premier chiffre à droite se trouve au-dessous des dizaines de celui-ci.

Pour répéter 300 fois 256, il suffit de répéter 3 fois 256, ce qui donne 768, puis de répéter 100 fois ce produit ; car il est évident que le nombre ainsi obtenu contient 100 fois 3 fois ou 300 fois 256. Or, pour répéter 100 fois le produit de 256 $\times$ 3, il suffit de placer 2 zéros sur sa droite (52); mais le premier chiffre de 768, produit de 256 $\times$ 3 exprime des centaines; on peut donc se dispenser d'écrire deux zéros sur sa droite, pourvu que l'on place 768 sous le deuxième produit partiel, de manière que son premier chiffre à droite se trouve au-dessous des centaines de celui-ci.

En effectuant ensuite l'addition des trois produits partiels, on a le produit demandé (55).

**57.** — Si, sans toucher au multiplicateur, on rend le

multiplicande 2, 3, 4... fois plus grand où plus petit, le produit devient 2, 3, 4... fois plus grand ou plus petit.

En effet, d'après la définition de la multiplication, le produit contient le multiplicande, le même nombre de fois que le multiplicateur contient l'unité. Or, si le multiplicande est rendu 2, 3, 4... fois plus grand ou plus petit, le produit contient, le même nombre de fois, un multiplicande 2, 3, 4... fois plus grand ou plus petit, il est donc 2, 3, 4... fois plus grand ou plus petit.

58. — Si, sans toucher au multiplicande, on rend le multiplicateur 2, 3, 4... fois plus grand ou plus petit, le produit devient 2, 3, 4... fois plus grand ou plus petit.

En effet, d'après la définition de la multiplication, le produit contient le multiplicande, le même nombre de fois que le multiplicateur contient l'unité. Or, si le multiplicateur est rendu 2, 3, 4... fois plus grand ou plus petit, le produit contient le même multiplicande, un nombre de fois 2, 3, 4... fois plus grand ou plus petit, il est donc 2, 3, 4... fois plus grand ou plus petit.

59. — Si l'on rend le multiplicande 2, 3, 4.... fois plus grand ou plus petit, et qu'en même temps on rende le multiplicateur 2, 3, 4... fois plus petit ou plus grand, le produit ne change pas.

En effet, l'opération effectuée sur le multiplicateur (58) détruit l'opération effectuée sur le multiplicande (57).

60. — Pour faire le produit de deux nombres terminés par des zéros, il faut effectuer le produit de ces deux nombres, abstraction faite des zéros qui les terminent ; mais écrire à la droite du résultat autant de zéros qu'il y en a à la droite du multiplicande et du multiplicateur.

OPÉRATION.

```
     3500
      250
     ────
      175
       70
     ────
   875000
```

Après avoir effectué l'opération comme il vient d'être dit, j'écris trois zéros sur la droite du produit ; car, en faisant abstraction des zéros qui terminent ces deux nombres, je rends le multiplicande 100 fois et le multiplicateur 10 fois trop petits ; le produit est donc 10 fois, 100 ou 1000 fois trop petit, pour le ramener à sa juste valeur, je le rends 1000 fois plus grand en écrivant trois zéros sur sa droite ;

c'est-à-dire autant qu'il y en a à la droite du multiplicande et du multiplicateur.

61. — On commence la multiplication par la droite pour éviter les rectifications de chiffres qu'on serait obligé de faire si l'on commençait par la gauche.

62. — On emploie la multiplication : 1° pour rendre un nombre donné un certain nombre de fois plus grand ; 2° quand on connaît le prix d'un seul objet et qu'on demande le prix de plusieurs objets ; 3° quand on connaît combien d'objets on peut avoir pour un franc et qu'on désire connaître le nombre d'objets qu'on aurait pour une somme donnée, etc....

Le raisonnement fait toujours connaître quel est celui des deux nombres donnés qui doit être pris pour multiplicande.

63. — Le produit de deux facteurs ne change pas, quand on intervertit l'ordre des facteurs ; ainsi, $5 \times 4 = 4 \times 5$.

Pour le démontrer, je décompose 5 en ses unités que j'écris sur une ligne horizontale, je forme autant de lignes

1 1 1 1 1    semblables qu'il y a d'unités au mul-
1 1 1 1 1    tiplicateur, c'est-à-dire 4. J'obtiens
1 1 1 1 1    ainsi un tableau dont je peux comp-
1 1 1 1 1    ter les unités, soit par lignes horizon-

tales, soit par colonnes verticales. En comptant 1° par lignes horizontales, je trouve 5 unités répétées 4 fois, ou le produit de $5 \times 4$, qui est 20 ; 2° par colonnes verticales, je trouve 4 unités répétées 5 fois, ou le produit de $4 \times 5$, qui est 20 ; donc etc.

64. — Pour faire la preuve de la multiplication, il faut multiplier le multiplicateur par le multiplicande, et l'on obtient le même produit que la première fois, si l'opération a été bien faite.

### Propriétés des Facteurs.

65.—Le produit de trois facteurs ne change pas quand on intervertit l'ordre des deux derniers ; ainsi $5 \times 4 \times 3 = 5 \times 3 \times 4$.

Pour le démontrer, j'écris le facteur 5 sur une ligne horizontale autant de fois qu'il y a d'unités dans le facteur 4 ; je forme autant de lignes semblables qu'il y a d'unités dans le facteur 3 ; j'obtiens ainsi un tableau dont je peux compter les unités, soit par lignes horizontales, soit par

$$5 \quad 5 \quad 5 \quad 5$$
$$5 \quad 5 \quad 5 \quad 5$$
$$5 \quad 5 \quad 5 \quad 5$$

colonnes verticales. En comptant 1° par lignes horizontales, je trouve 4 fois 5 unités répétées 3 fois, c'est-à-dire le produit de $5 \times 4 \times 3$, qui est 60 ; 2° par colonnes verticales, je trouve 3 fois 5 unités répétées 4 fois ou le produit de $5 \times 3 \times 4$, qui est 60 ; donc etc.

66. Le produit de plusieurs facteurs ne change pas, quelle que soit la place que l'on fasse occuper à l'un quelconque des facteurs du produit.

Soit le produit des 4 facteurs $5 \times 8 \times 3 \times 6$, je dis : 1° que l'on peut intervertir l'ordre des deux facteurs $3 \times 6$, que, par conséquent, on peut écrire :

$$5 \times 8 \times 3 \times 6 = 5 \times 8 \times 6 \times 3.$$

Pour le démontrer, je suppose effectué le produit des deux premiers facteurs $5 \times 8$, je n'ai plus alors que l'expression d'un produit de 3 facteurs dont je peux intervertir l'ordre des deux derniers (65) ; donc 1° etc.

2° Je dis que l'on peut intervertir l'ordre des deux facteurs $8 \times 3$, que, par conséquent, on peut écrire :

$$5 \times 8 \times 3 \times 6 = 5 \times 3 \times 8 \times 6.$$

En effet, ne considérant que les 3 premiers facteurs, je puis écrire (65) $5 \times 8 \times 3 = 5 \times 3 \times 8$ ; si je multiplie les deux membres de cette égalité par le même nombre 6, les produits résultants seront encore égaux et j'aurai $5 \times 8 \times 3 \times 6 = 5 \times 3 \times 8 \times 6$ ; donc etc.

3° Je dis que l'on peut intervertir l'ordre des deux premiers facteurs $5 \times 8$, que, par conséquent, on peut écrire :

$$5 \times 8 \times 3 \times 6 = 8 \times 5 \times 3 \times 6.$$

En effet, ne considérant que les deux premiers facteurs $5 \times 8$, je puis écrire (63) $5 \times 8 = 8 \times 5$ ; si je multiplie les deux membres de cette égalité par le même nombre $(3 \times 6)$, les produits résultants seront encore égaux et j'aurai : $5 \times 8 \times 3 \times 6 = 8 \times 5 \times 3 \times 6$ ; donc etc.

Ainsi, en changeant successivement l'ordre de deux facteurs consécutifs, on peut disposer les facteurs $5 \times 8 \times 3 \times 6$ dans tel ordre que l'on veut, sans altérer le produit. On peut amener le facteur 6 au premier rang en le faisant d'abord passer au 3° rang, puis au 2° et enfin au premier. De même, le facteur 3 peut venir au premier rang en passant au deuxième rang et ensuite au premier, et ainsi des autres facteurs quel qu'en soit le nombre.

67. — **PROBLÈME.** *Pour ensemencer un hectare de terre, on emploie 4 hectolitres de grains : combien en emploiera-t-on pour ensemencer 67 hectares ?*

SOLUTION. Si, pour ensemencer un hectare de terre,
on emploie.............................. 4 h. de grains,
pour ensemencer 67 hectares,
on emploiera 67 fois plus de grains que pour 1ʰ ou $4^{hl} \times 67 = 268$ h.

## Questionnaire.

47. Qu'est-ce que la multiplication ? — 48. Démontrez que la multi-

plication n'est que l'abrégé de l'addition ? — 50. Comment construit-on la table de multiplication ? — 51. Comment, au moyen de la table de multiplication, trouve-t-on le produit de deux nombres d'un seul chiffre ? — 52. Comment multiplie-t-on un nombre entier par l'unité suivie d'un ou de plusieurs zéros ? — 54. Comment fait-on la multiplication ? — 55. Le produit obtenu est-il le véritable ? — 57. Que devient le produit, quand on rend le multiplicande 2, 3, 4.... fois plus grand ou plus petit ? — 58. Que devient le produit, quand on rend le multiplicateur 2, 3, 4.... fois plus grand ou plus petit ? — 59. Que devient le produit, quand on rend le multiplicande 2, 3, 4... fois plus grand ou plus petit, et qu'en même temps on rend le multiplicateur 2, 3, 4... fois plus petit ou plus grand ? — 60. Comment fait-on le produit de deux nombres terminés par des zéros ? — 61. Pourquoi commence-t-on la multiplication par la droite ? — 62. Quand emploie-t-on la multiplication ? — 63. Le produit de deux facteurs change-t-il, quand on en intervertit l'ordre ? — 64. Comment fait-on la preuve de la multiplication ?

---

# CALCUL MENTAL.

## Exercices pour les commençants.

1. 15 petites caisses contiennent chacune 10 oranges; combien y a-t-il d'oranges dans les 15 caisses ?

2. Un objet vaut 20 francs le kilogramme : combien donnera-t-on pour 35 kilogrammes ?

3. Je dois acheter 12 boîtes de mathématiques à 3 fr. pièce : combien me faut-il d'argent pour payer ?

4. Un marchand de volailles a vendu 15 paires de pigeons à 4 francs la paire. Quelle somme a-t-il reçue ?

5. Combien y a-t-il de minutes dans 3 heures, dans 4 heures, dans 6 heures, sachant qu'une heure a 60 minutes ?

6. Le produit en beurre d'une bonne vache laitière peut aller annuellement à 70 kilogrammes. Quel serait le produit de 11 vaches de même qualité ?

7. On donne 28 francs pour la récolte et l'engrangement du produit d'un hectare de froment. Combien devra-t-on donner pour une moisson de 5 hectares ?

8. Un hectolitre de haricots étant évalué à 11 francs, que vaudront 15 hectolitres ?

9. Combien font ensemble 6 fois 7 et 5 fois 7 ?

10. Un cultivateur a vendu 3 sacs de blé chacun 16 francs, et 6 sacs de pommes de terre, 3 francs chacun. De cet argent il a acheté 4 mètres de drap, à 15 francs le mètre ; combien d'argent lui reste-il ?

## 7ᵉ LEÇON.

### Division des Nombres entiers.

**68.** — La *division* est une opération qui a pour but de chercher un nombre appelé quotient qui, multiplié par le diviseur, reproduise le dividende. Ou, c'est une opération qui a pour but : étant donnés un produit de deux facteurs et l'un de ses facteurs, déterminer l'autre facteur.

**69.** — La division n'est que l'abrégé de la soustraction ; car on obtient le quotient en soustrayant du dividende le diviseur autant de fois que cela est possible ; le nombre des soustractions effectuées exprime le quotient.

$$\begin{array}{r} 12 \\ 4 \\ \hline 8 \\ 4 \\ \hline 4 \\ 4 \\ \hline 0 \end{array}$$

Ainsi, pour diviser 12 par 4, je soustrais du dividende 12, le diviseur 4 trois fois ; je fais trois soustractions ; 3 exprime donc le quotient cherché.

**70.** — Cette manière d'opérer deviendrait impraticable, si le dividende était très-grand par rapport au diviseur, le nombre des soustractions à effectuer serait considérable ; c'est pourquoi l'on a cherché à simplifier les calculs : on y est parvenu facilement en se servant de la table de multiplication.

**71.** — Pour trouver, au moyen de la table de multiplication, le quotient de la division d'un nombre par un autre, quand le diviseur n'a qu'un chiffre, et que le dividende est moindre que le diviseur multiplié par 10, je prends le diviseur dans la première ligne horizontale, je descends verticalement jusqu'à la rencontre du dividende, ou du nombre qui en approche le plus près en moins, le chiffre qui se trouve dans la première colonne verticale et qui correspond à ce nombre, est le quotient cherché.

On trouve, par ce moyen, que le quotient de 30 par 6 est 5 ; que celui de 17 par 5 est 3, plus un reste moindre que le diviseur.

**72.** — RÈGLE GÉNÉRALE. Pour faire la division, il faut

écrire le diviseur à la droite du dividende, séparer ces deux nombres par un trait vertical, et souligner le diviseur. Ensuite, prendre sur la gauche du dividende autant de chiffres qu'il en faut pour contenir au moins une fois le diviseur: ce nombre séparé donne un premier dividende partiel ; chercher combien de fois ce premier dividende partiel contient le diviseur, écrire le chiffre obtenu sous le diviseur, multiplier ce dernier par le chiffre du quotient, et soustraire son produit du premier dividende partiel ; abaisser à la droite du reste le chiffre suivant du dividende total, ce qui donne un second dividende partiel, sur lequel on opère comme sur le premier ; on continue ainsi jusqu'à ce qu'on ait abaissé successivement tous les chiffres du dividende total.

EXEMPLE. Soit à diviser 174648 par 456.

Pour y parvenir, je dispose l'opération comme il suit :

$$
\begin{array}{r|l}
174648 & 456 \\
3784 & \overline{383} \\
1368 & \\
000 & \\
\end{array}
$$

Je dis :

En 17, combien de fois 4............... 3 fois.
3 fois 6....18.......... de 26 reste 8,.... je pose 8 et retiens 2.
3 fois 5....15 et 2..17, de 24 reste 7,.... je pose 7 et retiens 2.
3 fois 4....12 et 2..14, de 17 reste 3,.... je pose 3 et j'abaisse 4.
En 37, combien de fois 4................ 8 fois
8 fois 6....48......... de 54 reste 6,.... je pose 6 et retiens 5.
8 fois 5....40 et 5..45, de 48 reste 3,.... je pose 3 et retiens 4.
8 fois 4....32 et 4..36, de 37 reste 1,.... je pose 1 et j'abaisse 8.
En 13, combien de fois 4............. 3 fois
3 fois 6....18.......... de 18 reste 0,.... je pose 0 et retiens 1.
3 fois 5....15 et 1..16, de 16 reste 0,.... je pose 0 et retiens 1.
3 fois 4....12 et 1..13, de 13 reste 0,.. je pose 0.

Le nombre 383, ainsi obtenu, est le quotient cherché.

73. — DÉMONSTRATION. D'après la définition de la division, le quotient multiplié par le diviseur, doit reproduire le dividende, il ne contiendra donc pas d'unités supérieures aux centaines ; car $100 \times 456 = 456$ mille,

$$
\begin{array}{r|l}
174648 & 456 \\
3784,8 & \overline{383} \\
1368 & \\
000 &
\end{array}
$$

et le dividende n'en contient que 174; mais il contiendra une ou plusieurs centaines, car $100 \times 456 = 456$ centaines, et le dividende en contient 1746, j'aurai donc 3 chiffres au quotient. Mais le chiffre des centaines du quotient, multiplié par le diviseur 456, doit donner un produit de centaines qui, réunies à celles provenant du produit du diviseur 456 par les chiffres des dizaines et des unités du quotient, reproduisent les 1746 centaines du dividende. 1746 se compose donc de deux parties 1° du produit du chiffre des centaines du quotient par le diviseur, 2° des centaines de retenue provenant du produit du diviseur par les dizaines et les unités du quotient; donc, en divisant, 1746 par 456, j'aurai le véritable chiffre des centaines du quotient; d'abord, ce chiffre ne sera pas trop faible, 1746 n'étant jamais trop faible d'après sa formation même; il ne sera pas non plus trop fort, car, pour que la retenue de centaines qui se trouve dans 1746 centaines pût faire augmenter d'une centaine le chiffre des centaines du quotient, il faudrait que cette retenue fût égale à $100 \times 456$, c'est-à-dire à 456 centaines, ce qui ne peut être, puisque l'ensemble des dizaines et des unités du quotient forme toujours un nombre moindre que 100 (99 au plus); le produit de 99 par 456 donne moins que 45600. Or, puisque le chiffre des centaines du quotient n'est ni trop fort ni trop faible, c'est donc le véritable.

Pour obtenir ce chiffre, je cherche combien de fois 1746 contient 456, ou simplement combien de fois 17 contient 4; car le produit des plus hautes unités du quotient, qui sont les centaines par les centaines du diviseur, n'a pas d'unités inférieures aux dizaines de mille, et ne peut se trouver que dans les 17 dizaines de mille du dividende; ce nombre est donc, à quelques dizaines de retenue près, le produit des plus hautes unités du quotient par les plus hautes unités du diviseur; et, par conséquent, en divisant 17 par 4, j'aurai le véritable chiffre des centaines du quotient, ou un chiffre trop fort, c'est pour cela qu'avant de l'écrire, je le soumets à une vérification.

En effectuant les calculs, je trouve 3 pour quotient et 378 pour reste; ce reste exprime la retenue qui provient du produit du diviseur par les dizaines et les unités du quotient. J'abaisse les autres chiffres du dividende et j'ai 37848, nombre qui se compose encore des produits partiels du diviseur, par les dizaines et les unités du quotient; mais le chiffre des dizaines du quotient, multiplié par le diviseur, n'a pas d'unités inférieures aux dizaines, son produit par le diviseur doit donc se trouver dans les 3784 dizaines du dividende, le chiffre à droite n'en faisant pas partie, je le sépare par une virgule; dans la pratique, on ne l'abaisse pas.

Par un raisonnement analogue au précédent, je démontrerais, qu'en divisant 3784 par le diviseur, que le chiffre que j'obtiendrai pour les dizaines du quotient, ne sera ni trop fort, ni trop faible, conséquemment le véritable. En effectuant la division, je trouve 8 pour quotient et 136 pour reste; ce reste exprime la retenue qui provient du produit du diviseur par les unités du quotient. J'abaisse le chiffre suivant du dividende total et j'ai 1368, nombre qui se compose du produit du diviseur par le chiffre des unités du quotient. En divisant 1368 par le diviseur, je trouve 3 pour les unités du quotient et 0 pour reste.

**74.** **Remarque.** Quand le dividende ne contient pas le diviseur un nombre de fois exactement, on cherche le plus grand nombre qui, multiplié par le diviseur, donne un produit contenu dans le dividende, on obtient alors un reste plus petit que le diviseur. En effet, si le reste était plus grand que le diviseur, le dividende contiendrait encore au moins une fois le diviseur ; ce qui est impossible, puisqu'on a soustrait du dividende le diviseur le plus grand nombre de fois qu'il y est contenu.

**75.** — Si, sans toucher au diviseur, on rend le dividende 2, 3, 4..... fois plus grand ou plus petit, le quotient devient 2, 3, 4.... fois plus grand ou plus petit.

En effet, d'après la définition de la division, le dividende peut être considéré comme un produit dont le diviseur et le quotient sont les facteurs ; si ce produit (*le dividende*) devient 2, 3, 4.... fois plus grand ou plus petit, et que l'un des facteurs (*le diviseur*) ne change pas, il faut nécessairement (57 et 58) que l'autre facteur (*le quotient*) devienne 2, 3, 4..... fois plus grand ou plus petit.

**76.** — Si, sans toucher au dividende, on rend le diviseur 2, 3, 4.... fois plus grand ou plus petit, le quotient devient 2, 3, 4.... fois plus petit ou plus grand.

En effet, d'après la définition de la division, le dividende peut être considéré comme un produit dont le diviseur et le quotient sont les facteurs ; si ce produit (*le dividende*) ne change pas, et que l'un des facteurs (*le diviseur*) devienne 2, 3, 4.... fois plus grand ou plus petit, il faut nécessairement (59) que l'autre facteur (*le quotient*) devienne 2, 3, 4.... fois plus petit ou plus grand.

**77.** — Si on rend le dividende et le diviseur 2, 3, 4.... fois plus grand ou plus petit, le quotient ne change pas de valeur ; car l'opération effectuée sur le diviseur détruit l'opération effectuée sur le dividende.

**78.** — On commence la division par la gauche, car le dividende est la réunion des différents produits partiels du diviseur par les différents chiffres du quotient.

Ces produits partiels se trouvent confondus les uns dans les autres, de telle sorte qu'il serait assez difficile, au premier abord, de mettre en évidence le produit du diviseur par le chiffre des unités ou par celui des dizaines du quotient, au lieu qu'il est très-facile de déterminer le produit des plus hautes unités du diviseur par les plus hautes unités du quotient, et par là même, le chiffre des plus hautes unités du quotient.

C'est pour ce motif que l'on commence toujours à faire la division par la gauche.

79. — On emploie la division : 1° Quand il s'agit de partager un nombre entier en un nombre donné de parties égales ;

2° Quand on veut connaître combien de fois un nombre entier en contient un autre plus petit ;

3° Quand on connaît le prix de plusieurs objets, et qu'on veut déterminer le prix d'un seul ;

4° Quand on connaît le prix de plusieurs objets et le prix d'un seul et qu'on veut déterminer le nombre de ces objets, etc.

Dans ces sortes de questions, le raisonnement fait toujours connaître celui des deux nombres qui doit être pris pour dividende.

80. — Pour faire la preuve de la division, il faut multiplier le diviseur par le quotient, ajouter au produit le reste de la division, s'il y en a un ; on doit retrouver le dividende toutes les fois que la division a été bien faite.

81. — PROBLÈME. *728 mètres de drap ont été vendus 18200 fr. ; combien a-t-on vendu chaque mètre ?*

SOLUTION. Si 728$^M$ de drap ont été vendus          18200 fr.

On a vendu   1$^m$, 728 fois moins que 728$^m$ ou $\dfrac{18200 \text{ fr.}}{728} = 25$ fr.

OPÉRATION.

| 18200 | 728 |
|---|---|
| 3640 | 25 |
| 000 | |

## Questionnaire.

68. Qu'est-ce que la division ? — 69. Démontrez que la division n'est que l'abrégé de la soustraction ? — 70. Cette manière d'opérer ne serait-elle pas impraticable dans un grand nombre de cas ? — 71. Comment peut-on trouver, au moyen de la table de multiplication, le quotient de

la division d'un nombre par un autre ? — 72. Comment fait-on la division ? — 75. Que devient le quotient, quand on rend le dividende 2, 3, 4.... fois plus grand ou plus petit ? — 76. Que devient le quotient, quand on rend le diviseur 2, 3, 4.... fois plus grand ou plus petit ? — 77. Que devient le quotient, quand on rend le dividende et le diviseur 2, 3, 4.... fois plus grand ou plus petit ? — 78. Pourquoi commence-t-on la division par la gauche ? — 79. Quand emploie-t-on la division ? — 80. Comment fait-on la preuve de la division ?

## CALCUL MENTAL.

### Exercices pour les Commençants.

1. Onze ouvriers ont fait en deux jours 66 mètres d'ouvrage : combien chacun en a-t-il fait par jour ?

2. On peut avoir un bel agneau pour 10 francs : combien en aurait-on pour 350 francs ?

3. J'ai à dépenser 90 francs pour un mois de 30 jours ; combien puis-je dépenser par jour ?

4. 15 soldats avaient à partager entre eux la somme de 60 francs combien chacun a-t-il eu pour sa part ?

5. 5 frères avaient à partager 100 francs : combien chacun eut-il en partage ?

6. 120 pommes sont à partager entre 12 enfants : combien chacun doit-il en avoir ?

7. La cinquième partie de 20 francs a été partagée entre 4 personnes : combien chacune a-t-elle eu ?

8. On a rempli 6 tonneaux d'égale capacité avec 720 litres de vin : combien chaque tonneau contenait-il de litres de vin ?

9. Un sac renferme 1200 francs et contient 60 pièces de même valeur : dire la valeur de chacune de ces pièces ?

10. On veut échanger 30 mètres de drap à 5 francs le mètre, contre de la toile estimée 3 francs le mètre : combien recevra-t-on de mètres de toile en faisant cet échange ?

11. On a employé 240 hectolitres de froment pour ensemencer 160 hectares de terre : combien a-t-il fallu d'hectolitres pour ensemencer un hectare ?

12. Une somme de 720 francs a été partagée entre un certain nombre de personnes, chaque personne a reçu 8 francs : combien y avait-il de personnes ?

# DEUXIÈME LIVRE.

**Numération des nombres décimaux -- Addition, Soustraction, Multiplication et Division des nombres décimaux -- Système métrique -- Mesures de longueur -- de surface -- de volume -- de capacité -- de poids -- monétaires -- Mesures du temps.**

## PREMIÈRE LEÇON.

### Numération des nombres décimaux.

**82.** — On appelle nombres décimaux, les nombres qui renferment des unités entières et des parties d'unité de dix en dix fois plus petites.

**83.** — On appelle fractions décimales, les fractions qui ne renferment que des parties d'unité de dix en dix fois plus petites, ou les fractions qui ont pour dénominateur l'unité suivie de un ou de plusieurs zéros.

*Une fraction décimale, écrite sous forme de nombre entier, n'est autre chose qu'un nombre décimal ayant zéro pour unités.*

**84.** — Les nombres décimaux s'écrivent sous la même forme que les nombres entiers; car tout chiffre placé à la droite d'un autre exprime des unités dix fois plus petites que cet autre chiffre (22); si à la droite d'un chiffre exprimant des unités, on place un chiffre quelconque, ce chiffre exprimera des dixièmes et représentera des parties dix fois plus petites que l'unité; le chiffre à la droite des dixièmes, exprimera des centièmes et représentera des parties dix fois plus petites que les dixièmes; le chiffre à la droite des centièmes, exprimera des millièmes; les suivants, des dix millièmes, des cent millièmes..... et ainsi de suite.

**85.** Pour écrire un nombre décimal, il faut écrire la partie entière ou la remplacer par un zéro s'il n'y en a pas; puis écrire à sa droite les chiffres décimaux, de manière que chacun occupe le rang qui lui est propre; remplacer par des zéros les différents chiffres qui peuvent manquer, et séparer, par une virgule, la partie entière de la partie décimale.

Les nombres suivants : Quarante-cinq *unités* soixante-douze *millièmes*, et quatre cent cinquante-huit *millièmes*, s'écrivent :

$$45, 072 \text{ et } 0, 458.$$

86. Le chiffre placé immédiatement avant la virgule désigne les unités principales, et ceux à droite de la virgule désignent la partie décimale. Ainsi, le rang de chaque chiffre, à partir de la virgule, soit à gauche, soit à droite, indique l'ordre des unités.

87. Pour lire un nombre décimal, on lit d'abord les unités entières placées à la gauche de la virgule ; ensuite, la partie décimale comme si c'était un nombre entier, en ayant soin de donner au dernier chiffre à droite le nom des parties d'unité qu'il représente.

Les nombres suivants : 7,086 et 75,4572, s'énoncent sept *unités* quatre-vingt-six *millièmes*, et soixante-quinze *unités* quatre *mille* cinq cent soixante-douze *dix-millièmes*.

88. Pour rendre un nombre décimal 10, 100, 1000..... fois plus grand, il faut transporter la virgule de 1, de 2, de 3..... rangs vers la droite.

En effet, chaque chiffre de ce nombre, considéré dans sa valeur absolue, avance de 1, de 2, de 3..... rangs vers la gauche, acquiert par conséquent une valeur relative 10, 100, 1000... fois plus grande ; le nombre lui-même est donc rendu 10, 100, 1000.... fois plus grand.

89. Pour rendre un nombre décimal 10, 100, 1000.... fois plus petit, il faut transporter la virgule de 1, de 2, de 3.... rangs vers la gauche.

En effet, chaque chiffre de ce nombre, considéré dans sa valeur absolue, avance de 1, de 2, de 3.... rangs vers la droite, acquiert par conséquent une valeur relative 10, 100, 1000... fois plus petite, le nombre lui-même est donc rendu 10, 100, 1000.... fois plus petit.

90. On ne change pas la valeur d'un nombre décimal en écrivant à sa droite un, deux, trois..... zéros.

En effet, un dixième vaut 10 centièmes, un centième vaut 10 millièmes, un millième, 10 dix millièmes, et ainsi de suite ; il n'y a donc pas de différence entre 0, 3 ; 0, 30 ; et 0, 300.....

## Questionnaire.

82. Qu'appelle-t-on nombres décimaux? — 83. Qu'appelle-t-on fractions décimales?—84. Sous quelle forme s'écrivent les nombres décimaux? —85. Comment écrit-on un nombre décimal? — 87. Comment lit-on un nombre décimal? — 88. Comment rend-on un nombre décimal 10, 100, 1000... fois plus grand? — 89. Comment rend-on un nombre décimal 10, 100, 1000.... fois plus petit? — 90. Change-t-on la valeur d'un nombre décimal en écrivant à sa droite un, ou plusieurs zéros?

## 2ᵉ LEÇON.

### ADDITION, SOUSTRACTION, MULTIPLICATION ET DIVISION DES NOMBRES DÉCIMAUX.

### Addition.

91 — *L'addition* des nombres décimaux s'effectue comme celle des nombres entiers, c'est-à-dire qu'il faut placer les nombres proposés les uns sous les autres, de manière que les unités de même ordre et les virgules se correspondent dans une même colonne verticale, effectuer l'addition des nombres ainsi préparés, et séparer, par une virgule, sur la droite du résultat, autant de chiffres décimaux qu'il y en a dans celui des nombres qui en contient le plus.

EXEMPLES :

| 1ᵉʳ | 24,738 | 2ᵉ | 0,8 |
|---|---|---|---|
| | 8,04 | | 6,0078 |
| | 0,5 | | 45,28 |
| | 33,278 | | 52,0878 |

92. — On sépare, sur la droite du résultat, autant de chiffres décimaux qu'il y en a dans celui des nombres qui en contient le plus, parce que le résultat doit exprimer des parties décimales de même espèce que celles du nombre décimal qui en contient le plus. En effet, dans le premier exemple, le nombre qui contient le plus de chiffres décimaux, en a 3, il renferme donc des millièmes ; mais en ajoutant des millièmes avec des millièmes, ou avec des parties plus grandes converties en millièmes, on ne peut avoir pour résultat moins que des millièmes ; or, pour que le chiffre à droite du résultat exprime des millièmes, il faut séparer

3 chiffres décimaux à la droite de ce résultat, c'est-à-dire autant qu'il y en a dans celui des nombres qui en contient le plus (243).

### Soustraction.

93. — La *soustraction* des nombres décimaux s'effectue comme celle des nombres entiers ; c'est-à-dire qu'il faut placer le plus petit nombre sous le plus grand, de manière que les unités de même ordre et les virgules se correspondent dans une même colonne verticale ; effectuer la soustraction des nombres ainsi préparés, et séparer, par une virgule, sur la droite du résultat, autant de chiffres décimaux qu'il y en a dans celui des nombres qui en contient le plus.

EXEMPLES :

| | | | | | |
|---|---|---|---|---|---|
| 1er | 27,405 | | 2e | 5,07 | |
| | 4,678 | | | 3,735 | |
| | 22,727 | | | 1,335 | |

94. — On sépare sur la droite du reste autant de chiffres décimaux qu'il y en a dans celui des nombres qui en contient le plus, parce que le reste doit exprimer des parties décimales de même espèce que celles du nombre décimal qui en contient le plus. En effet, dans le deuxième exemple, le nombre qui contient le plus de chiffres décimaux, en a 3, il renferme donc des millièmes ; mais en soustrayant des millièmes d'un nombre décimal exprimant des millièmes ou des parties plus grandes converties en millièmes, le reste ne peut exprimer moins que des millièmes. Or, pour que le chiffre à droite du reste exprime des millièmes, il faut séparer 3 chiffres décimaux à la droite de ce reste ; c'est-à-dire autant qu'il y en a dans celui des nombres qui en contient le plus (248).

95. — Quand le nombre supérieur contient moins de chiffres décimaux que le nombre inférieur, on écrit à la droite du nombre supérieur un nombre convenable de zéros pour que les deux nombres aient autant de chiffres décimaux l'un que l'autre (90).

### Multiplication.

96. — La *multiplication* des nombres décimaux s'effec-

tue comme celle des nombres entiers, sans avoir égard aux virgules qui peuvent se trouver au multiplicande et au multiplicateur ; mais il faut séparer sur la droite du produit autant de chiffres décimaux qu'il y en a dans les deux facteurs.

EXEMPLES :

| | 1er | | 4, 8 5 | | 2e | | 5, 0 8 6 |
|---|---|---|---|---|---|---|---|
| | | | 4, 5 | | | | 4, 0 5 |
| | | | 2 4 2 5 | | | | 2 5 4 3 0 |
| | | 1 9 4 0 | | | | 2 0 3 4 4 | |
| | | | 2 1, 8 2 5 | | | | 2 0,5 9 8 3 0 |

**97.** — On sépare sur la droite du produit autant de chiffres décimaux qu'il y en a dans les deux facteurs, parce qu'en faisant abstraction de la virgule au multiplicande et au multiplicateur (1er *exemple*), je rends le premier 100 fois et le second 10 fois plus grands (57 et 58), le produit est donc rendu 10 fois 100 ou 1000 fois plus grand ; pour le ramener à sa juste valeur, il faut le rendre 1000 fois plus petit, ce que je fais en séparant trois chiffres décimaux sur sa droite, c'est-à-dire, autant qu'il y en a dans les deux facteurs (257).

### Division.

**98.** — Pour faire la *division* des nombres décimaux, il faut supprimer la virgule qui se trouve au diviseur, la transporter d'autant de rangs vers la droite dans le dividende qu'il y avait de chiffres décimaux au diviseur, effectuer ensuite la division comme celle des nombres entiers, puis séparer sur la droite du quotient autant de chiffres décimaux qu'il en reste encore au dividende.

EXEMPLE : soit à diviser 84,0375 par 4,075.

| OPÉRATION : | 84 037,5 | 4 0 75 |
|---|---|---|
| | 1 037 5 | 3 0,5 |
| | 000 0 | |

**99.** — On sépare sur la droite du quotient autant de chiffres décimaux qu'il en reste au dividende ; car en supprimant la virgule au diviseur et en la transportant de trois rangs vers la droite dans le dividende, le quotient n'est pas altéré (77) ; mais en effectuant la division sans avoir égard à la virgule qui reste au dividende, le quotient se trouve 10 fois trop grand (75), pour le ramener à sa juste valeur, il faut le diviser par 10, ou séparer un chiffre décimal sur sa droite ; c'est-à-dire autant qu'il en reste au dividende (264).

Si le dividende et le diviseur contiennent autant de chiffres décimaux l'un que l'autre, on supprime la virgule au dividende et au diviseur, puis on effectue la division. Exemple :

EXEMPLE : soit à diviser 1092,25 par 4,25.

$$
\begin{array}{r|l}
1092\ 25 & 4\ 25 \\
242\ 2 & \overline{2\ 57} \\
29\ 75 & \\
0\ 00 &
\end{array}
$$

OPÉRATION :

Si le dividende contient moins de chiffres décimaux que le diviseur, on écrit à la droite du dividende un nombre convenable de zéros pour qu'il contienne autant de chiffres décimaux que le diviseur, puis on supprime la virgule au dividende et au diviseur et on effectue la division. Exemple : soit à diviser 1156,5 par 2,57.

$$
\begin{array}{r|l}
1156\ 50 & 2\ 57 \\
128\ 5 & \overline{4\ 50} \\
00\ 00 &
\end{array}
$$

OPÉRATION :

## Questionnaire.

91. Comment fait-on l'addition des nombres décimaux ? — 92. Pourquoi sépare-t-on sur la droite du résultat autant de chiffres décimaux qu'il y en a dans celui des nombres qui en contient le plus ? — 93. Comment fait-on la soustraction des nombres décimaux ? — 94. Pourquoi sépare-t-on sur la droite du résultat autant de chiffres décimaux qu'il y en a dans celui des nombres qui en contient le plus ? — 96. Comment fait-on la multiplication des nombres décimaux ? — 97. Pourquoi sépare-t-on sur la droite du produit autant de chiffres décimaux qu'il y en a dans les deux facteurs ? — 98. Comment fait-on la division des nombres décimaux ? — 99. Pourquoi sépare-t-on sur la droite du quotient autant de chiffres décimaux qu'il en reste au dividende ?

# 3e LEÇON.

## SYSTÈME LÉGAL DES POIDS ET MESURES.

### Mesures de Longueur.

100. — Le système métrique est l'ensemble des nouvelles mesures adoptées en France.

101. — Il se nomme métrique parce que le mètre en est la base, et légal, parce que c'est le seul autorisé par la loi.

102. — On nomme mesure une grandeur ou quantité connue qui sert à évaluer d'autres quantités.

103. — Mesurer une grandeur quelconque, c'est la comparer à la mesure connue ; ou, c'est chercher combien de fois cette mesure connue est renfermée dans la grandeur à mesurer.

104. — La mesure dont on se sert pour évaluer une quantité, doit toujours être de même espèce que cette quantité.

105. — Les six unités principales du système métrique sont :

Le *Mètre*............. Unité de longueur.
Le *Mètre carré*...... Unité de surface.
Le *Mètre cube*...... Unité de volume.
Le *Litre*........... Unité de capacité.
Le *Gramme*......... Unité de poids.
Le *Franc* .......... Unité de monnaie.

106. — L'unité principale des mesures de longueur est le mètre.

107. — Le mètre est la dix-millionième partie de la distance du pôle à l'équateur.

108. — Le mètre seul n'aurait pu suffire pour évaluer toutes les longueurs : il sert à mesurer les longueurs des étoffes, des travaux de menuiserie, de maçonnerie, etc. Pour évaluer des longueurs plus ou moins considérables, on a créé d'autres unités, appelées unités secondaires supérieures ou multiples, et unités secondaires inférieures ou sous-multiples.

**109.** — Les unités secondaires supérieures ou les multiples ont été formés en multipliant le mètre par 10, par 100, par 1000, par 10000; ces différents produits ont été nommés :

Du grec.    *Myria*..... qui signifie..... 10000

*Kilo* ........................ 1000

*Hecto*...................... 100

*Déca*...................... 10

On a eu les unités secondaires inférieures ou les sous-multiples, en divisant le mètre par 10, par 100, par 1000 ; ces différents quotients ont été nommés :

Du latin.    *Déci*..... qui signifie...... 10$^e$   de

*Centi*...................... 100$^e$   de

*Milli*...................... 1000$^e$ de

**110.** — Ces mots : Myria, kilo, hecto, déca, déci, centi, milli, se placent devant le nom de chaque unité principale.

**111.** — Les multiples et les sous-multiples du mètre sont :

Multiples.

Le *Myriamètre*..... qui vaut : (10000 mètres) ou (1000 décam.) ou (100 hectomètres) ou (10 kilom.)

Le *Kilomètre*...... qui vaut : (1000 mètres) ou (100 décamèt.) ou (10 hectomètres).

L'*Hectomètre*...... qui vaut : (100 mètres) ou (10 décamètres).

Le *Décamètre*...... qui vaut : (10 mètres).

*Mètre*............... unité principale.

Sous-multiples.

Le *Décimètre*....... qui est la 10$^e$ partie du mètre.

Le *Centimètre*...... qui est la 100$^e$ partie du mètre, ou la 10$^e$ partie du décimètre.

Le *Millimètre*...... qui est la 1000$^e$ partie du mètre, ou la 100$^e$ partie du décimètre, ou la 10$^e$ partie du centimètre.

**112.** — Le myriamètre, le kilomètre et l'hectomètre servent à mesurer les longueurs itinéraires et les distances géographiques.

**113.** — Les nombres qui représentent des mesures de longueur s'écrivent et s'énoncent comme les nombres décimaux.

Le 1$^{er}$ chiffre à gauche de la virgule exprime les unités, le 2$^e$ exprime les dizaines (ou les *Déca*) ; le 3$^e$ les centaines (ou les *hecto*); le 4e les mille (ou les *kilo*); et ainsi de suite.

Le 1er chiffre à droite de la virgule exprime les dixièmes (ou les *déci*); le 2e les centièmes (ou les *centi*); le 3e les millièmes (ou les *milli*), et ainsi de suite.

114. — Pour convertir des sous-multiples en multiples du mètre, ou des mesures d'espèces inférieures en mesure d'espèce supérieure, il faut transporter la virgule d'autant de rangs vers la gauche qu'il y a d'unités secondaires décimales de la première à la seconde mesure énoncée, la virgule se place toujours à la droite de celle-ci.

Pour convertir 4563, 2 décimètres en décamètres, j'observe que, de la première à la seconde mesure, il y a deux unités secondaires décimales qui sont le mètre et le décamètre, il faut donc transporter la virgule de deux rangs vers la gauche pour convertir des décimètres en décamètres.

En effet, un décamètre vaut 100 décimètres, il faut donc 100 fois moins de décamètres que de décimètres pour exprimer la même longueur; en transportant la virgule de deux rangs vers la gauche, le nombre exprimera des décamètres et des parties de décamètre; car si d'un côté le nombre est rendu 100 fois plus petit, par compensation, il exprime des unités 100 fois plus grandes.

Ainsi, 4563,$^{dm}$2 = 45,$^{DM}$632.

OPÉRATION.       4 5, 6 3   2

|_ *décimètres.*<br>
|__ *mètres.*<br>
|___ *décamètres.*

115. — Pour convertir des multiples en sous-multiples du mètre, ou des mesures d'espèces supérieures en mesure d'espèce inférieure, il faut transporter la virgule d'autant de rangs vers la droite, qu'il y a d'unités secondaires décimales de la première à la seconde mesure énoncée, la virgule se place à la droite de celle-ci.

Soit à convertir 45 hectomètres 785, en mètres ?

Pour convertir 45$^{hm}$785 en mètres, j'observe que de l'hectomètre au mètre, il y a deux unités secondaires décimales, le décamètre et le mètre, je transporte donc la virgule de deux rangs vers la droite pour opérer cette conversion.

OPÉRATION.    4 5  7 8,5

    |————————— hectomètres.

    |————————— décamètres.

    |————————— mètres.

## Abréviations des multiples et des sous-multiples du mètre.

| | | | |
|---|---|---|---|
| Myriamètre.... | MM. | Mètre........ | M. |
| Kilomètre...... | KM. | Décimètre..... | dm. |
| Hectomètre.... | HM. | Centimètre .... | cm. |
| Décamètre..... | DM. | Millimètre.... | mm. |

## Questionnaire.

100. Qu'est-ce que le système métrique? — 101. Pourquoi se nomme-t-il métrique et système légal? — 102. Que nomme-t-on mesure? — 103. Qu'est-ce que mesurer une grandeur quelconque? — 104. De quelle espèce doit être la mesure dont on se sert pour évaluer une quantité? — 105. Quelles sont les six unités principales du système métrique? — 106. Quelle est l'unité principale des mesures de longueur? — 107. Qu'est-ce que le mètre? — 108. Le mètre seul aurait-il pu suffire pour évaluer toutes les longueurs? — 109. Comment a-t-on formé les unités secondaires supérieures ou les multiples du mètre? — Comment a-t-on eu les unités secondaires inférieures ou les sous-multiples? — 110. Où place-t-on les mots myria, kilo... etc...: ?— 111. Quels sont les multiples et les sous-multiples du mètre? — 112. A quoi servent le myriamètre, le kilomètre et l'hectomètre? — 113. Comment s'écrivent et s'énoncent les nombres qui représentent des mesures de longueur? — 114. Comment convertit-on des sous-multiples en multiples du mètre?—115. Comment convertit-on des multiples en sous-multiples du mètre?

# CALCUL MENTAL.

## Exercices pour les Commençants.

1. Combien l'hectomètre vaut-il de décimètres? de centimètres? de millimètres?

2. Combien le myriamètre vaut-il de kilomètres? de décamètres? de centimètres?

3. Qu'est-ce que le décimètre par rapport au kilomètre? le centimètre par rapport au décamètre?

4. Entre deux villages on compte 5 bornes qui marquent les kilomètres : dites combien il y a de mètres entre ces deux villages?

5. Si, entre deux villages, vous avez compté 60 bornes qui indiquent les hectomètres : combien y a-t-il de bornes qui marquent les kilomètres ?

6. De Reims à Châlons-sur-Marne, la distance est de 4 myriamètres ; quelle est cette distance en kilomètres, hectomètres, décamètres et mètres ?

7. On a acheté 25 décimètres de ruban à 1 franc le mètre : quelle somme doit-on donner pour les 25 décimètres ?

8. Quelle est la distance du pôle à l'équateur ? la longueur de la circonférence de la terre sur le même méridien ?

9. De Gray à Besançon, on compte 42630 mètres : dites combien il y a de bornes pour indiquer les décamètres, les hectomètres, les kilomètres, et combien de myriamètres ?

10. Un voyageur pauvre reçoit des secours de route, 15 centimes par 4 kilomètres ; combien lui doit-on, s'il a parcouru 4 myriamètres pendant une journée ?

## 4ᵉ LEÇON.

### Mesures de surface et mesures agraires.

116. — On appelle surface l'étendue considérée suivant deux dimensions : longueur et largeur.

117. — L'unité des mesures de surface est le mètre carré ; c'est un carré qui a un mètre de long et un mètre de large.

118. — Le mètre carré sert à mesurer les surfaces de peu d'étendue, comme les surfaces des ouvrages de maçonnerie, de menuiserie, de charpente, etc.

119. — Pour évaluer d'autres surfaces plus ou moins considérables, on a créé des multiples et des sous-multiples du mètre carré.

120. — Les multiples et les sous-multiples du mètre carré sont :

| Multiples. | | |
|---|---|---|
| | *Le Myriamètre carré.* | qui vaut (100000000 de mètres carrés) ou (1000000 de décamètres carrés) ou (10000 hectomètres carrés) ou (100 kilomètres carrés). |
| | *Le kilomètre carré.* | qui vaut (1000000 de mètres carrés) ou (10000 décamètres carrés) ou (100 hectomètres carrés). |
| | *L'Hectomètre carré.* | qui vaut (10000 mètres carrés) ou (100 décamètres carrés). |
| | *Le Décamètre carré.* | qui vaut (100 mètres carrés). |

<table>
<tr><td rowspan="4">Sous multiples.</td><td>*Mètre carré...*</td><td>unité principale.</td></tr>
<tr><td>*Le Décimètre carré..*</td><td>qui est (la 100<sup>e</sup> partie du mètre carré).</td></tr>
</table>

|  |  |
|---|---|
| *Mètre carré...* | unité principale. |
| *Le Décimètre carré..* | qui est (la 100ᵉ partie du mètre carré). |
| *Le Centimètre carré.* | qui est (la 10000ᵉ partie du mètre carré) ou (la 100ᵉ partie du décimètre carré). |
| *Le Millimètre carré..* | qui est (la 1000000ᵉ partie du mètre carré) ou la 10000ᵉ partie du décimètre carré) ou (la 100ᵉ partie du centimètre carré). |

**121.** — Le myriamètre carré et le kilomètre carré servent à mesurer les surfaces de grande étendue : telles que la surface d'un canton, d'un arrondissement, d'un département, etc.

**122.** — Les multiples et les sous-multiples du mètre carré sont des carrés qui ont respectivement pour côtés chacun des multiples et des sous-multiples du mètre de longueur ; ainsi, le mètre carré a pour côtés un mètre de longueur ; le décamètre carré a pour côtés le décamètre de longueur ; le décimètre carré a pour côtés le décimètre de longueur, etc.

**123.** — A partir de l'unité principale, les multiples du mètre carré sont de 100 en 100 fois plus grands, et les sous-multiples de 100 en 100 fois plus petits.

Le décamètre carré, par exemple, vaut 100 mètres carrés.

En effet, je suppose que j'aie à ma disposition 100 mètres carrés ; j'en prends 10 que je place les uns à la suite des autres, je forme ainsi un rectangle (1) ayant 10 mètres ou un décamètre de long sur un mètre de large ; je forme 10 rectangles semblables que je place les uns à côté des autres, de manière à obtenir un carré ayant, par conséquent, 10 mètres ou un décamètre de chaque côté ; c'est-à-dire un décamètre carré. Or, ces dix rectangles font 10 fois 10 ou 100 mètres carrés ; donc le décamètre carré vaut 100 mètres carrés.

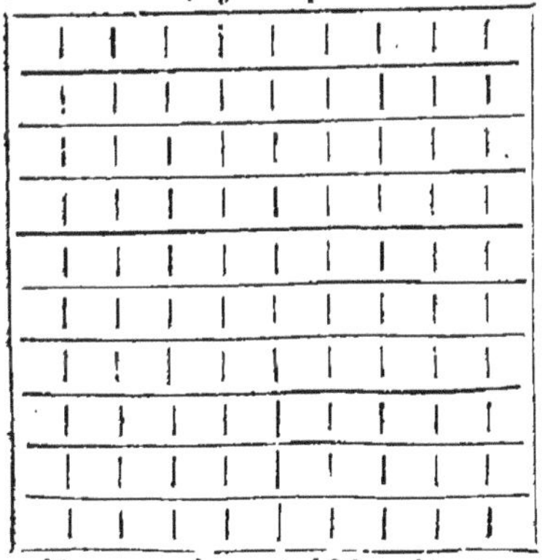

---

(1) 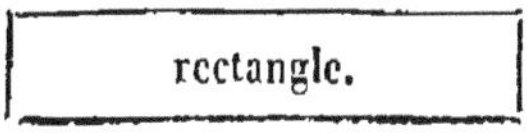 [rectangle.] On nomme *rectangle* une figure de géométrie qui a ses côtés opposés égaux, et ses angles droits.

Si ce carré représentait un mètre carré, chaque petit carré serait un décimètre carré ; donc le mètre carré vaut 100 décimètres carrés, etc.

124. — On appelle mesures agraires celles qui servent à mesurer les surfaces des terrains : champs, prés, vignes, etc.

125. — L'unité des mesures agraires est le décamètre carré auquel on a donné le nom d'*are* : l'are est donc égal à 100 mètres carrés.

126. — L'are n'a qu'un multiple, c'est l'hectare qui vaut 100 ares ou 10000 mètres carrés, et qu'un sous-multiple qui est le centiare ou la 100e partie de l'are, c'est-à-dire le mètre carré.

127. — Puisque le mètre carré égale 100 décimètres carrés, le décimètre carré, 100 centimètres carrés ; le centimètre carré, 100 millimètres carrés, on peut avoir à exprimer jusqu'à 99 décimètres carrés, 99 centimètres carrés, 99 millimètres carrés, etc., et par conséquent, dans le calcul, il faut toujours, après les mètres carrés, mettre deux chiffres pour représenter les décimètres carrés, deux chiffres pour représenter les centimètres carrés, deux chiffres pour représenter les millimètres carrés. Le premier chiffre décimal, à la suite des mètres carrés, représente donc les dizaines de décimètres carrés, et le 2e, les unités. Le troisième représente les dizaines de centimètres carrés, et le 4e, les unités, ainsi des autres.

128. — Pour écrire un nombre, représentant des mesures de surface ou des mesures agraires, lorsqu'il n'exprime qu'une seule mesure avec une fraction décimale de cette mesure, on l'écrit comme un nombre décimal ordinaire, en employant deux chiffres (1) pour chaque subdivision décimale de l'unité, et en indiquant au-dessus de la virgule le nom de l'unité ; mais lorsqu'il exprime plusieurs subdivisions de la même unité, on observe avec soin quelle est la valeur de chacune de ces subdivisions les unes par rapport aux autres, et par rapport à l'unité principale, et l'on écrit le nombre en remplaçant par des zéros les ordres d'unités manquants.

*Vingt-huit* mètres carrés, *trente-cinq* centimètres carrés,

---

(1) Si le nombre représentait des mesures cubiques, au lieu de 2 chiffres, il faudrait en employer trois pour chaque subdivision décimale de l'unité ; au lieu que s'il représentait des mesures de longueur, de capacité, de poids, etc., il ne faudrait employer qu'un chiffre ; par là, la règle énoncée devient générale, et servira pour les autres unités de mesure.

et *huit* myriamètres carrés, *cinq* décamètres carrés, *six* mètres carrés, s'écrivent :

$$28,^{Mq}0035 \qquad \text{et} \qquad 800000506^{Mq.}$$

En effet, après avoir écrit les 28 mètres carrés, je pose 2 zéros pour tenir la place des décimètres carrés, et à leur droite, je place les 35 centimètres carrés. — Après avoir écrit le 8 qui représente les myriamètres carrés, je place 4 zéros à sa droite, deux pour tenir la place des kilomètres carrés et 2 pour tenir celle des hectomètres carrés, puis j'observe que le décamètre carré étant le centième de l'hectomètre carré, il faut poser un zéro pour tenir lieu des dixièmes d'hectomètre carré, puis le chiffre 5, qui représente les décamètres carrés, au rang des centièmes ; ensuite, j'observe que le mètre carré étant le centième du décamètre carré, il faut poser un zéro pour tenir lieu des dixièmes de décamètre carré, puis le chiffre 6, qui représente les mètres carrés, au rang des centièmes.

Soit à écrire : quinze hectares, dix ares, cinq centiares.

On écrira : $\qquad 15^{HA}\ 10^{A}\ 05^{CA}$

En effet, après avoir écrit le nombre 15 qui représente les hectares, je place la virgule, si je considère l'hectare comme unité principale ; puis j'observe que l'are n'étant que le centième de l'hectare, il faut poser 1 au rang des dixièmes d'hectare, puis 0 pour représenter les ares ; ensuite, j'observe que le centiare n'étant que le centième de l'are, il faut poser un zéro pour tenir lieu des dixièmes d'are, puis le 5, qui représente les centiares, au rang des centièmes.

**129.** — Pour énoncer un nombre qui exprime des mesures agraires, on fait connaître le plus souvent les trois espèces d'unité, hectares, ares et centiares. Il en est de même des nombres qui expriment les mesures de surface.

Ainsi le nombre $4376^{A}\ 45$

S'énonce.. { *Quatre mille trois cent soixante-seize* ares *quarante-cinq centiares*
ou mieux
*Quarante-trois* hectares, *soixante-seize* ares, *quarante-cinq centiares.*

Le nombre $\qquad 45^{Mq}0250$

S'énonce.. { *Quarante-cinq* mètres carrés, *deux* décimètres carrés *cinquante* centimètres carrés,
ou bien
*Quarante-cinq* mètres carrés, *deux cent cinquante* centimètres carrés.

**130.** — Pour convertir des sous-multiples en multiples

du mètre carré, ou des mesures d'espèces inférieures en mesures d'espèces supérieures, il faut transporter la virgule d'autant de fois deux rangs vers la gauche qu'il y a d'unités secondaires décimales de la première à la seconde mesure énoncée, la virgule se place toujours à la droite de celle-ci.

Pour convertir 7850694,$^{cmq}$05 en décamètres carrés, j'observe que du centimètre carré au décamètre carré, il y a trois unités secondaires décimales qui sont le décimètre carré, le mètre carré et le décamètre carré, il faut donc transporter la virgule de 2 fois 3 rangs ou de 6 rangs vers la gauche pour convertir des centimètres carrés en décamètres carrés.

En effet, un centimètre carré est le millionième du décamètre carré, il faut donc un million de fois moins de décamètres carrés que de centimètres carrés pour exprimer la même surface ; donc en transportant la virgule de 2 fois 3 rangs ou de 6 rangs vers la gauche, le nombre exprimera des décamètres carrés et des parties de décamètre carré ; car, si d'un côté, ce nombre est rendu un million de fois plus petit, par compensation, il exprime des unités un million de fois plus grandes.

Ainsi : 78450694,$^{cmq}$05 = 78,$^{DMq}$45069405.

OPÉRATION.    7 8, 4 5 0 6 9 4$^{cmq}$ 0 5

> |____centimètres carrés.
> |____décimètres carrés.
> |____mètres carrés.
> |____décamètres carrés.

131. — Pour convertir des multiples en sous-multiples du mètre carré, ou des mesures d'espèces supérieures en mesures d'espèces inférieures, il faut transporter la virgule d'autant de fois 2 rangs vers la droite, qu'il y a d'unités secondaires décimales de la première à la seconde mesure énoncée, la virgule se place à la droite de celle-ci.

Soit à convertir 6703405,$^{DMq}$035867 en décimètres carrés.

OPÉRATION.    670340 50358,67$^{DMq}$

> |____décamètres carrés.
> |____mètres carrés.
> |____décimètres carrés.

**132.** — Pour convertir des multiples ou des sous-multiples du mètre carré, en multiples ou en sous-multiples de l'are, et réciproquement, il faut se rappeler que :

L'hectomètre carré, c'est l'hectare.

Le décamètre carré, c'est l'are.

Le mètre carré, c'est le centiare.

Soit à convertir 4370634 mètres carrés en hectares, ares et centiares.

OPÉRATION.

$$\underset{\text{HA}}{4}\underset{\text{A}}{37},\underset{\text{CA}}{06},34 \quad \text{mètres carrés ou } centiares.$$

       décamètres carrés ou *ares.*

       hectomètres carrés ou *hectares.*

Soit à convertir $\underset{\text{HA}}{4}\underset{\text{A}}{56},05,\underset{\text{CA}}{28}$ en décimètres carrés.

OPÉRATION.     456 05 28 00

       *hectares* ou hectomètres carrés.

       *ares* ou décamètres carrés.

       *centiares* ou mètres carrés.

       *décimètres carrés.*

### Abréviations des Multiples et des Sous-Multiples des Mesures de surface et des Mesures agraires.

| | | | |
|---|---|---|---|
| *Myriamètre carré* . . . . . MMq. | *Mètre carré* . . . . . . . . . Mq. |
| *Kilomètre carré* . . . . . . KMq. | *Décimètre carré* . . . . . . dmq. |
| *Hectomètre carré* . . . . . HMq. | *Centimètre carré* . . . . . cmq. |
| *Décamètre carré* . . . . . DMq. | *Millimètre carré* . . . . . mmq. |

*Hectare* . . HA.      *Are* . . . A.      *Centiare* . . . CA.

### Questionnaire.

116. Qu'appelle-t-on surface? — 117. Quelle est l'unité des mesures de surface? — 118. A quoi sert le mètre carré? — 119. Comment a-t-on pu évaluer d'autres surfaces plus ou moins considérables? — 120. Quels sont les multiples et les sous-multiples du mètre carré? — 121. A quoi servent le myriamètre carré et le kilomètre carré?—122. Quelle est la longueur respective des côtés de chacun des multiples et des sous-multiples du mètre carré?—123. Démontrez que le décamètre carré vaut 100 mètres carrés? — 124. Qu'appelle-t-on mesures agraires? — 125. Quelle est

3

l'unité des mesures agraires ? — 126. Quels sont les multiples et les sous-multiples de l'are ? — 127. Pourquoi faut-il deux chiffres pour représenter les mesures de surface et les mesures agraires? — 128. Comment écrit-on un nombre représentant des mesures de surface ou des mesures agraires ? — 129. Comment énonce-t-on un nombre qui exprime une mesure agraire ? — 130. Comment convertit-on des sous-multiples en multiples du mètre carré ? — 131. Comment convertit-on des multiples en sous-multiples du mètre carré ? — 132. Que faut-il connaître pour convertir des multiples ou des sous-multiples du mètre carré, en multiples ou en sous-multiples de l'are ?

## CALCUL MENTAL.

### Exercices pour les Commençants.

1. Combien l'hectomètre carré vaut-il de décimètres carrés ? de centimètres carrés ?

2. Combien le décamètre carré vaut-il de centiares ? de centimètres carrés ?

3. Combien l'hectare vaut-il de mètres carrés ? de décimètres carrés ? de millimètres carrés ?

4. Qu'est-ce que le centiare par rapport à l'hectomètre carré ?

5. Quelle différence y a-t-il entre le décimètre carré et le dixième de mètre carré? entre le centimètre carré et le centième de mètre carré ?

6. On a mesuré la surface d'un terrain partagé en 3 lots, le premier de 3 hectares 37 ares, le deuxième de 5 hectares 08 ares, et le troisième de 4 hectares 25 ares ; quelle est la surface totale du terrain?

7. Une propriété qui contient 35 hectares 45 ares, renferme un pré de 9 hectares 98 ares : que reste-t-il en terres labourables et autres ?

8. L'hectare de terre, 1re qualité, a été vendu 4500 francs ; l'acquéreur a eu 238 décamètres carrés ; quelle somme a-t-il donnée ?

9. Un père, en mourant, laisse à 5 enfants 234 hectares 25 ares de terre; combien chaque enfant a-t-il eu de terrain pour sa part ?

10. Un propriétaire a un terrain de 4 hectares 25 ares qui lui a coûté 19125 francs, il voudrait gagner 3000 francs en le revendant ; à quel prix doit-il vendre l'hectare ?

## 5e LEÇON.

### Mesures de volume et Mesures du bois de chauffage.

133. — On appelle volume la grandeur d'un corps ; et cube, un volume qui a la forme d'un dé à jouer ou six faces carrées égales.

**134.** — Les cubes ont trois dimensions, longueur, largeur ou épaisseur, et hauteur.

**135.** — L'unité des mesures de volume est le mètre cube : c'est un cube qui a un mètre de long, un mètre de large et un mètre de haut.

**136.** — Le mètre cube a, comme les autres mesures, ses multiples et ses sous-multiples ; mais les multiples du mètre cube ne sont pas usités ; au lieu de dire un décamètre cube, on dit 1,000 mètres cubes, etc.

**137.** — Les sous-multiples du mètre cube sont :
Le *Décimètre cube*.. qui est la 1000ᵉ partie du mètre cube.
Le *Centimètre cube*.. qui est la 1000ᵉ partie du décimètre cube.
Le *Millimètre cube*.. qui est la 1000ᵉ partie du centimètre cube.

**138.** — Le mètre cube vaut 1000 décimètres cubes.

En effet, je suppose que j'aie à ma disposition 1000 décimètres cubes, j'en place 100 les uns à côté des autres de manière à former un volume d'un mètre de long, d'un mètre de large et d'un décimètre de haut. Je forme 10 volumes semblables que je place les uns sur les autres ; j'obtiens ainsi un volume d'un mètre de long, d'un mètre de large et d'un mètre de haut ; c'est-à-dire, un mètre cube. Or, pour obtenir ce mètre cube, j'ai employé 10 fois 100 ou 1000 décimètres cubes, le mètre cube vaut donc 1000 décimètres cubes.

On démontrerait de la même manière que le décimètre cube vaut 1000 centimètres cubes, etc.

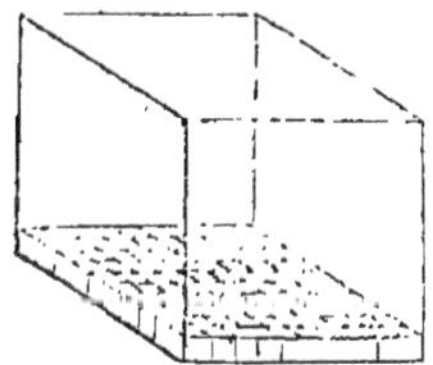

**139.** — Puisque le mètre cube égale 1000 décimètres cubes, le décimètre cube 1000 centimètres cubes, et le centimètre cube 1000 millimètres cubes, on peut avoir à exprimer jusqu'à 999 décimètres cubes, 999 centimètres cubes, 999 millimètres cubes, etc., et, par conséquent, dans le calcul, il faut trois chiffres pour représenter les décimètres cubes, trois chiffres pour représenter les centimètres cubes, trois chiffres pour représenter les millimètres cubes.

Le 1ᵉʳ chiffre décimal qui accompagne les mètres cubes représente donc les centaines de décimètres cubes, le 2e les dizaines, et le 3e les unités, etc. (128).

**140.** — L'unité des mesures du bois de chauffage est le mètre cube auquel on a donné le nom de Stère.

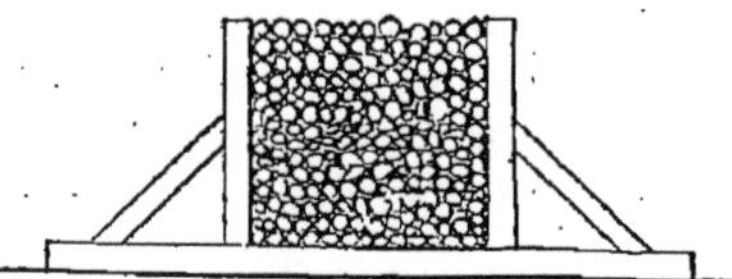

**141.** — Les multiples et les sous-multiples du stère sont :

Le *Décastère*...   qui vaut 10 stères ou 10 mètres cubes.

  *Stère*........   unité principale ou le mètre cube.

Le *Décistère*....  qui est la 10e partie du stère ou du mètre cube.

Le *Centistère*...  qui est la 100e partie du stère ou du mètre cube.

**142.** — Le décistère, qui est le 10e d'un mètre cube, est 100 fois plus grand que le décimètre cube qui en est la 1000e partie.

**143.** — Le centistère, qui est le 100e d'un mètre cube, est 10000 fois plus grand que le centimètre cube qui en est la millionième partie.

**144.** — Pour convertir des sous-multiples en multiples du mètre cube, ou des mesures d'espèces inférieures en mesures d'espèces supérieures, il faut transporter la virgule d'autant de fois trois rangs vers la gauche qu'il y a d'unités secondaires décimales de la première à la seconde mesure énoncée, la virgule se place toujours à la droite de celle-ci.

Pour convertir 2784057,$^{cmc}$25 en mètres cubes, j'observe que du centimètre cube au mètre cube, il y a deux unités secondaires décimales qui sont le décimètre cube et le mètre cube, il faut donc transporter la virgule de deux fois trois rangs ou de 6 rangs vers la gauche pour convertir des centimètres cubes en mètres cubes.

En effet, un centimètre cube est la millionième partie d'un mètre cube, il faut donc un million de fois moins de mètres cubes que de centimètres cubes pour exprimer le même volume ; donc, en transportant la virgule de deux fois trois rangs ou de six rangs vers la gauche, le nombre exprimera des mètres cubes et des parties de mètre cube ; car, si d'un côté ce nombre est rendu un million de fois plus petit, par compensation, il exprime des unités un million de fois plus grandes.

Ainsi,   $2784057, 25 \overset{cmc}{=} 2, 78405725 \overset{MC}{}$

OPÉRATION.   $2, 784057 \overset{cmc}{25}$

_______Centimètres cubes.

_______Décimètres cubes.

_______Mètres cubes.

**145.** — Pour convertir des multiples en sous-multiples du mètre cube, ou des mesures d'espèces supérieures en mesures d'espèces inférieures, il faut transporter la virgule d'autant de fois trois rangs vers la droite qu'il y a d'unités secondaires décimales de la première à la seconde mesure énoncée ; la virgule se place toujours à la droite de celle-ci.

Soit à convertir $25, \overset{MC}{05345683}$ en centimètres cubes.

OPÉRATION.   $25 \ 053456, 83$

_______Mètres cubes.

_______Décimètres cubes.

_______Centimètres cubes.

### Abréviations des mesures de volume.

| | | | |
|---|---|---|---|
| Mètre cube........ | MC. | Décastère........ | Dst. |
| Décimètre cube..... | dmc. | Stère............ | st. |
| Centimètre cube.... | cmc. | Décistère........ | dst. |
| Millimètre cube..... | mmc. | Centistère........ | cst. |

### Questionnaire.

133. Qu'appelle-t-on volume, et qu'appelle-t-on cube ? — 134. Combien les cubes ont-ils de dimensions ? — 135. Quelle est l'unité des mesures de volume ? — 136. Le mètre cube a-t-il des multiples et des sous-multiples ? — 137. Quels sont les sous-multiples du mètre cube ? 138. Démontrez que le mètre cube vaut 1000 décimètres cubes ? —

**139.** Pourquoi faut-il 3 chiffres pour représenter les mesures de volume ? — **140.** Quelle est l'unité des mesures du bois de chauffage ? — **141.** Quels sont les multiples et les sous-multiples du stère ? — **142.** Quelle différence y a-t-il entre un décistère et un décimètre cube ? — **143.** Quelle différence y a-t-il entre un centistère et un centimètre cube ? — **144.** Comment convertit-on des sous-multiples en multiples du mètre cube ? — **145.** Comment convertit-on des multiples en sous-multiples du mètre cube ?

━━◆━━

# CALCUL MENTAL.

## Exercices pour les Commençants.

**1.** Combien le mètre cube vaut-il de décimètres cubes ? de centimètres cubes ? de millimètres cubes ?

**2.** Qu'est-ce que le décimètre cube par rapport au mètre cube ? le centimètre cube par rapport au mètre cube ? le millimètre cube par rapport au décimètre cube ? au centimètre cube ?

**3.** Combien le stère vaut-il de décistères ? de décimètres cubes ? de centistères ? de centimètres cubes ? de millimètres cubes ?

**4.** Combien le décastère vaut-il de mètres cubes ? de décistères ? de décimètres cubes ? de centistères ? de centimètres cubes ?

**5.** Combien le décistère vaut-il de décimètres cubes ? de centimètres cubes ? Combien le centistère vaut-il de centimètres cubes ? de millimètres cubes ?

**6.** Pour construire un mur, on a employé une première fois 8 mètres cubes 456 décimètres cubes de pierres ; une deuxième fois, 7 Mc. 256 dmc ; et une troisième fois 6 Mc. 484 dmc : combien en a-t-on employé en tout ?

**7.** Sur 175 stères 4 décistères, on a consommé pendant l'hiver 95 stères 5 décistères ; combien en reste-t-il encore ?

**8.** Une machine peut extraire 28 mètres cubes de terre par heure : combien en extraira-t-elle en 7 heures ?

**9.** On a employé un certain nombre d'ouvriers à scier 390 stères de bois de chauffage, chacun d'eux en a scié 32 stères 5 décistères ; combien a-t-on employé d'ouvriers ?

**10.** On a payé 5635 francs 450 stères 8 décistères de bois qu'on revend 5860 francs 40 ; a-t-on beaucoup gagné sur chaque décistère ?

---

# 6ᵉ LEÇON.

## Mesures de Capacité.

**146.** — On appelle mesures de capacité celles qui servent à mesurer les liquides et les matières sèches.

**147.** — L'unité des mesures de capacité est le litre.

**148.** — Le litre est un vase de forme cylindrique de la contenance d'un décimètre cube.

**149.** — Les multiples et les sous-multiples du litre sont :

Multiples
- Le *Myrialitre*...... qui vaut 10000 litres (peu usité).
- Le *Kilolitre*........ qui vaut 1000 litres, ou *un mètre cube*
- L'*Hectolitre*........ qui vaut 100 litres.
- Le *Décalitre*....... qui vaut 10 litres.

Le *Litre*........... unité principale, ou *un décimètre cube*

Sous-multiples
- Le *Décilitre* ........ qui est la 10ᵉ partie du litre.
- Le *Centilitre*....... qui est la 100ᵉ partie du litre.
- Le *Millilitre*........ qui est la 1000ᵉ partie du litre ou *le centimètre cube.*

**150.** — Pour convertir des sous-multiples en multiples du litre, ou des mesures d'espèces inférieures en mesures d'espèces supérieures, il faut transporter la virgule d'autant de rangs vers la gauche qu'il y a d'unités secondaires décimales de la première à la seconde mesure énoncée, la virgule se place toujours à la droite de celle-ci.

Pour convertir 740568,ᶜˡ 2 en hectolitres, j'observe que du centilitre à l'hectolitre, il y a 4 unités secondaires décimales qui sont le décilitre, le litre, le décalitre et l'hectolitre, il faut donc transporter la virgule de 4 rangs vers la gauche pour convertir des centilitres en hectolitres.

En effet, un hectolitre vaut 10000 centilitres, il faut donc 10000 fois moins d'hectolitres que de centilitres pour exprimer la même contenance ; en transportant la virgule de 4 rangs vers la gauche, le nombre exprimera des hectolitres et des parties d'hectolitre ; car, si d'un côté le nombre est rendu 10000 fois plus petit, par compensation, il exprime des unités 10000 fois plus grandes.

Ainsi   740568,ᶜˡ 2 = 74,ᴴᴸ 05682

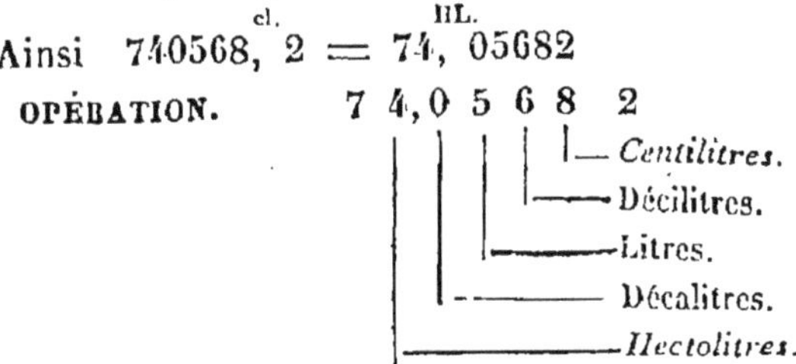

OPÉRATION.     7 4,0 5 6 8 2

**151.** — Pour convertir des multiples en sous-multiples du litre, ou des mesures d'espèces supérieures en mesures d'espèces inférieures, il faut transporter la virgule d'autant de rangs vers la droite qu'il y a d'unités secondaires décimales de la première à la seconde mesure énoncée, la virgule se place toujours à la droite de celle-ci.

Soit à convertir 456, 25 en décilitres.

OPÉRATION.  4  5  6  2  5  0

Hectolitres.

Décalitres.

Litres.

Décilitres.

**152.** — Pour convertir des multiples ou des sous-multiples du litre en multiples ou en sous-multiples du mètre cube, et réciproquement, il faut se rappeler que :

Le *kilolitre*..............c'est le mètre cube.
Le *litre*..............c'est le décimètre cube.
Le *millilitre*..............c'est le centimètre cube.

Soit à convertir 7845, 2 en mètres cubes.

OPÉRATION.  7  8,4  5  2

*Décalitres.*

Hectolitres.

*Kilolitres* ou *Mètres cubes.*

Soit encore à convertir 437586 centimètres cubes en hectolitres.

OPÉRATION.  4,3  7  5  8  6

*Centimètres cubes* ou *Millilitre.*

Centilitres.

Décilitres.

Litres.

Décalitres.

Hectolitres.

**153. — REMARQUE.** Les mesures destinées aux liquides sont en étain, et ont une profondeur double de leur diamètre ; celles destinées aux matières sèches sont en bois de chêne, et ont une profondeur égale à leur diamètre.

### Abréviations des mesures de Capacité.

| | | | | |
|---|---|---|---|---|
| *Myrialitre*......... | ML. | | *Litre*........... | L. |
| *Kilolitre*........... | KL. | | *Décilitre*........ | dl. |
| *Hectolitre* ........ | HL. | | *Centilitre*....... | cl. |
| *Décalitre* ......... | DL. | | *Millilitre*........ | ml. |

### Questionnaire.

146. Qu'appelle-t-on mesures de capacité? — 147. Quelle est l'unité des mesures de capacité? — 148. Qu'est-ce que le litre? — 149. Quels sont les multiples et les sous-multiples du litre? — 150. Comment convertit-on des sous-multiples en multiples du litre? — 151. Comment convertit-on des multiples en sous-multiples du litre? — 152. Comment convertit-on des multiples ou des sous-multiples du litre en multiples ou en sous-multiples du mètre cube, et réciproquement? — 153. En quoi sont les mesures destinées aux liquides et aux matières sèches ?

---

# CALCUL MENTAL.

### Exercices pour les Commençants.

1. Combien le kilolitre vaut-il d'hectolitres? de décalitres ? de litres ? de décilitres ? de centilitres? de millilitres? de décimètres cubes ?

2. Combien faut-il de décalitres pour un mètre cube? de décilitres pour un décimètre cube? de centimètres cubes pour un hectolitre ? pour un décalitre ? pour un kilolitre ? pour un double-décalitre?

3. Combien le litre vaut-il de millimètres cubes ? l'hectolitre de centimètres cubes ? le myrialitre de décalitres ? le décalitre de millimètres cubes ?

4. Qu'est-ce que le décilitre par rapport au mètre cube? le centimètre cube par rapport au décalitre? à l'hectolitre? au kilolitre? le millimètre cube par rapport au millilitre?

5. Un vigneron mélange trois pièces de vin de qualité différente ; il met 8 hectolitres 25 de la première espèce, 42 décalitres de la seconde et 375 litres de la troisième ; combien le mélange contient-il de litres ?

6. Un négociant en vin achète 7815 HL. 07 de vin ; il en revend 567847 litres ; combien lui reste-t-il de doubles décalitres de vin ?

7. Un litre de vin se vend 0 fr. 49 ; combien coûtent le décalitre, l'hectolitre et le kilolitre ?

8. L'hectolitre de vin se vend 95 francs : combien valent le décalitre, le litre et le décilitre ?

9. Quel est le nombre des pièces qu'il faut pour contenir 374, HL 50, si chaque pièce contient 2, HL 14 ?

10. Quelle est la mesure de volume qui est 8 fois plus grande que 125 millilitres ?

## 7ᵉ LEÇON.

### Mesures de Poids.

**154.** — L'unité des mesures de poids est le gramme.

**155.** — Le gramme est le poids d'un centimètre cube d'eau pure ; l'eau pure est celle qui est privée de toute matière hétérogène.

**156.** — Les multiples et les sous-multiples du gramme sont :

*Multiples.*
Le *Myriagramme*...qui vaut 10000 grammes.
Le *Kilogramme*....qui vaut 1000 grammes, c'est le poids d'un décimètre cube d'eau pure, ou d'un *litre*.
L'*Hectogramme*.....qui vaut 100 grammes.
Le *Décagramme*....qui vaut 10 grammes.

*Gramme*........unité principale, c'est le poids d'un *centimètre cube d'eau pure*, ou d'un *millilitre*.

*Sous-multiples.*
Le *Décigramme*....qui est la 10ᵉ partie du gramme.
Le *Centigramme*....qui est la 100ᵉ partie du gramme.
Le *Milligramme*....qui est la 1000ᵉ partie du gramme, c'est le poids d'un *millim. cube* d'eau pure.

**157.** — Le gramme et ses multiples sont les poids dont on se sert journellement dans le commerce pour peser les objets de grandeur moyenne.

**158.** — On se sert du gramme et de ses sous-multiples pour peser les matières précieuses, telles que l'or, l'argent, les objets de pharmacie.

**159.** — Pour évaluer le poids de grandeurs plus considérables, on a créé des multiples du kilogramme.

**160.** — Les multiples du kilogramme sont :

*Le millier métrique* (ou tonneau de mer) qui pèse 1000 kilog.

*Le quintal métrique*................ qui pèse 100 kilog.

**161.** — Pour convertir des sous-multiples en multiples du gramme, ou des mesures d'espèces inférieures en mesures d'espèces supérieures, il faut transporter la virgule d'autant de rangs vers la gauche, qu'il y a d'unités secondaires décimales de la première à la seconde mesure énoncée, la virgule se place toujours à la droite de celle-ci.

Pour convertir 78456,25 en kilogrammes, j'observe que du gramme au kilogramme, il y a trois unités secondaires décimales qui sont le décagramme, l'hectogramme et le kilogramme, il faut donc transporter la virgule de trois rangs vers la gauche pour convertir des grammes en kilogrammes.

En effet, le kilogramme vaut 1000 grammes; il faut donc 1000 fois moins de kilogrammes que de grammes pour exprimer le même poids; en transportant la virgule de trois rangs vers la gauche, le nombre exprimera des kilogrammes et des parties de kilogramme; car, si d'un côté le nombre est rendu 1000 fois plus petit, par compensation, il exprime des unités 1000 fois plus grandes.

Ainsi   78456,25 = 78,45625.

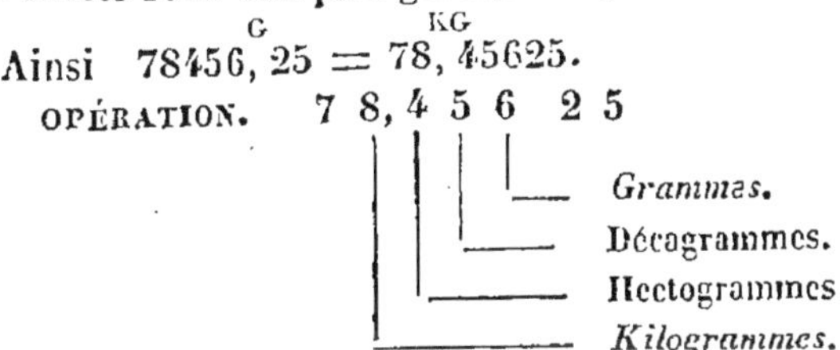

OPÉRATION.   7 8,4 5 6   2 5


162. — Pour convertir des multiples en sous-multiples du gramme, ou des mesures d'espèces supérieures en mesures d'espèces inférieures, il faut transporter la virgule d'autant de rangs vers la droite qu'il y a d'unités secondaires décimales de la première à la seconde mesure énoncée, la virgule se place toujours à la droite de celle-ci.

Soit à convertir 78,2756 en décigrammes.

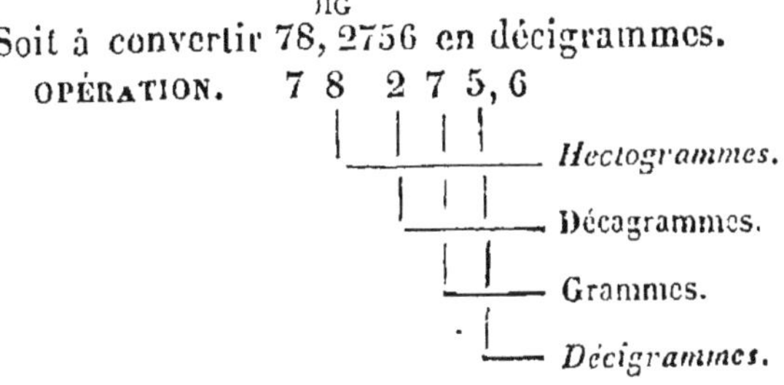

OPÉRATION.   7 8   2 7 5,6

**163.** — REMARQUE. Les poids moyens sont en cuivre et de forme cylindrique, surmontés d'un bouton pour en faciliter l'usage.

Les petits poids sont en cuivre, en argent ou en platine, et de forme carrée.

Les poids qui dépassent un kilogramme sont les gros poids, ils sont en fer, de la forme d'une pyramide tronquée, à 6 pans, et surmontés d'un anneau pour en faciliter l'usage.

### Abréviations des mesures de poids.

| | | | | |
|---|---|---|---|---|
| *Millier*............ | millier. | | *Décagramme*........ | DG. |
| *Tonneau*......... | ton. | | *Gramme* .......... | G. |
| *Quintal*......... | Q. | | *Décigramme* ....... | dg. |
| *Myriagramme*... | MG. | | *Centigramme*....... | cg. |
| *Kilogramme*..... | KG. | | *Milligramme*.......| mg. |
| *Hectogramme*.... | HG. | | | |

### Questionnaire.

154. Quelle est l'unité des mesures de poids? — 155. Qu'est-ce que le gramme? — 156. Quels sont les multiples et les sous-multiples du gramme? — 157. Quand se sert-on du gramme et de ses multiples? — 158. Quand se sert-on du gramme et de ses sous-multiples? — 159. Comment a-t-on fait pour évaluer le poids de grandeurs plus considérables? — 160. Quels sont les multiples du kilogramme? — 161. Comment convertit-on des sous-multiples en multiples du gramme? — 162. Comment convertit-on des multiples en sous-multiples du gramme? — 163. Quelle est la forme des différents poids?

## CALCUL MENTAL.

### Exercices pour les Commençants.

1. Combien le kilogramme vaut-il d'hectogrammes? de décagrammes? de grammes? de décigrammes? de centigrammes? de milligrammes?

2. Combien l'hectogramme vaut-il de centigrammes? le centigramme de milligrammes? le décagramme de décigrammes? le myriagramme de décagrammes?

3. Combien pèse un litre d'eau pure? un décalitre? un hectolitre? un kilolitre? un myrialitre? un décilitre? un centilitre? un millilitre?

4. Quel est le poids d'un mètre cube d'eau pure? d'un décimètre cube? d'un centimètre cube? d'un millimètre cube?

5. Quel volume d'eau pure faudrait-il prendre pour faire équilibre à 35 décagrammes ?

6. Quelle mesure de capacité faudrait-il remplir d'eau pure pour faire équilibre au kilogramme ?

7. Un cultivateur a récolté 45 quintaux métriques de paille ; combien cela fait-il de kilogrammes, d'hectogrammes, de décagrammes et de grammes ?

8. On achète 8 milliers métriques de foin à raison de 25 fr. le quintal combien doit-on donner ?

9. Si 45 quintaux de paille ont été payés 1102 fr. 50, à combien revient le kilogramme ?

10. Un litre de froment pèse environ 720 grammes et vaut en moyenne 0 fr. 20. Cela posé, on demande le poids, en kilog., de 456 doubles décalitres de froment et quelle en est la valeur en franc ?

---

## 8e LEÇON.

### Mesures de Monnaie.

164. — L'unité des mesures de monnaie est le franc.

165. — Le franc est une pièce d'alliage du poids de cinq grammes, qui contient 9 parties d'argent pur et une partie de cuivre.

166. — Le franc sert à faire apprécier la valeur des objets nécessaires aux usages de la vie.

167. — Le franc n'a pas de multiples ; on dit : 10, 100, 1000 francs, et non un décafranc, un hectofranc, etc.

168. — Les sous-multiples du franc sont :

Le *Décime*........qui est la 10e partie du franc.

Le *Centime*........qui est la 100e partie du franc.

169. — Les pièces de monnaie actuellement en usage France sont :

1° ARGENT.
- La pièce de 1 fr....qui pèse 5 gr., et a 23 millim. de diamètre.
- La pièce de 2 fr....qui pèse 10 gr., et a 27 millim. de diamètre.
- La pièce de 5 fr....qui pèse 25 gr., et a 37 millim. de diamètre.
- La pièce de 50 c....qui pèse 2 gr. 1/2 et a 18 millim. de diamètre.
- La pièce de 20 c....qui pèse 1 gr., et a 15 millim. de diamètre.

2° OR.
- La pièce de 5 fr....qui pèse 1 gr., 613 et a 17 millim. de diamètre.
- La pièce de 10 fr...qui pèse 3 gr., 226 et a 19 millim. de diamètre.
- La pièce de 20 fr...qui pèse 6 gr., 452 et a 21 millim. de diamètre.
- La pièce de 40 fr...qui pèse 12 gr., 904 et a 26 millim. de diamètre.

3° **Bronze.**

Le pièce de 1 c.....qui pèse 1 gr., et a 15 millim. de diamètre.
La pièce de 2 c....qui pèse 2 gr., et a 20 millim. de diamètre.
La pièce de 5 c.....qui pèse 5 gr., et a 25 millim. de diamètre.
La pièce de 10 c....qui pèse 10 gr., et a 30 millim. de diamètre.

**170.** — D'après la loi, la monnaie d'or a une valeur 15 fois $\frac{1}{2}$ plus grande que celle de la monnaie d'argent à poids égal, et par conséquent un poids 15 fois $\frac{1}{2}$ moindre à valeur égale.

**171.** — A poids égal, la monnaie de bronze vaut 20 fois moins que celle d'argent, et par conséquent $15\,\frac{1}{2} \times 20 = 310$ fois moins que celle d'or.

**172.** — Au moyen des diamètres de différentes pièces de monnaie, on pourrait obtenir la longueur du mètre en plaçant sur une même ligne

32 pièces de 40 francs et 8 pièces de 20 francs.

En effet,

| | | |
|---|---|---|
| 32 Pièces $\times$ 26 millimètres, diamètre des pièces de 40 fr., | $=$ | $0,^m832$ |
| 8 id. $\times$ 21 id. id. de 20 fr., | $=$ | $0,^m168$ |
| | Total | $1,^m000$ |

ou 20 pièces de 2 francs et 20 pièces de 1 franc.

27 pièces de 5 francs, placées de la même manière, donnent la longueur du mètre, moins un millimètre.

**173.** — On entend par titre des monnaies ou de l'orfèvrerie, la quantité d'or ou d'argent pur qui entre dans le métal avec lequel on fait les pièces de monnaie ou les objets d'orfèvrerie. Cette quantité, rapportée au poids de la pièce totale, est exprimée en fraction décimale évaluée en millièmes.

**174.** — Le titre des monnaies d'or ou d'argent est, en France, de 0,900 ou $\frac{9}{10}$

**175.** — Le poids du cuivre qui entre dans la monnaie n'est que le neuvième du poids de l'or ou de l'argent ; il sert à donner plus de dureté au métal, qui, sans cet alliage, serait mou et ductile comme le plomb et l'étain.

**176.** — Les pièces de bronze sont composées de 95 centièmes de cuivre, 4 d'étain et 1 de zinc.

**177.** — Les titres légaux pour les ouvrages d'or et d'argent sont :

$$\text{Pour l'argent} \begin{cases} \text{1}^{\text{er}} \text{ titre} \ldots .950 \text{ millièmes} \ldots ou \ldots 0,950 \\ \text{2}^{\text{e}} \text{ titre} \ldots .800 \qquad id \ldots ou \ldots 0,800 \end{cases}$$

$$\text{Pour l'or} \ldots \begin{cases} \text{1}^{\text{er}} \text{ titre} \ldots .920 \qquad id \ldots ou \ldots 0,920 \\ \text{2}^{\text{e}} \text{ titre} \ldots .840 \qquad id \ldots ou \ldots 0,840 \\ \text{3}^{\text{e}} \text{ titre} \ldots .750 \qquad id \ldots ou \ldots 0,750 \end{cases}$$

**178.** — Toutes les unités principales du système métrique dérivent du mètre.

En effet, 1° Le Mètre carré, unité des mesures de surface, dérive du mètre, puisque c'est un carré d'un mètre de chaque côté.

2° Le Mètre cube, unité des mesures de volume, dérive du mètre, puisque c'est un cube d'un mètre de chaque côté.

3° Le Litre, unité des mesures de capacité, dérive du mètre, puisque c'est un vase cubique d'un décimètre de chaque côté.

4° Le Gramme, unité des mesures de poids, dérive du mètre, puisque c'est le poids de l'eau pure contenue dans un vase d'un centimètre de chaque côté.

5° Le Franc, unité de monnaie, dérive du mètre, puisque c'est une pièce d'argent du poids de 5 grammes ; or le gramme dérive du mètre, donc le franc dérive du mètre.

### Questionnaire.

164. Quelle est l'unité des mesures de monnaie ? — 165. Qu'est-ce que le franc ? — 166. A quoi sert le franc ? — 167. Le franc a-t-il des multiples ? — 168. Quels sont les sous-multiples du franc ?—169. Quelles sont les pièces de monnaie actuellement en usage en France ? — 170. Quel est le rapport légal entre la monnaie d'argent et celle d'or ? — 171. Entre la monnaie d'argent et celle de bronze, entre la monnaie d'or et celle de bronze ? — 172. Serait-il possible de retrouver les mesures de longueur avec les pièces de monnaie ? — 173. Qu'entend-on par titre des monnaies ou de l'orfèvrerie ? — 174. Quel est en France le titre des monnaies ? — 175. Quel est le poids du cuivre qui entre dans la monnaie d'or ou d'argent, et à quoi sert-il ? — 176. Quelle est la composition des pièces de bronze? — 177. Quels sont les titres légaux pour les ouvrages d'or et d'argent ? — 178. De quelle manière les unités principales du système métrique dérivent-elles du mètre ?

## CALCUL MENTAL.

### Exercices pour les Commençants.

1. Combien le franc vaut-il de décimes? de centimes? la pièce de 2 francs, de décimes? de centimes? la pièce de 5 francs de décimes? de centimes? de pièces de 20 centimes? de pièces de 50 centimes?

2. Combien une pièce de 20 francs vaut-elle de pièces de 20 centimes? de 50 centimes? la pièce de 40 francs, de pièces de 5 francs? de pièces de 2 francs? de pièces de 50 centimes? de pièces de 20 centimes?

3. Combien pèsent 20 francs en argent? 30 francs en or? 70 francs en bronze?

4. Quelle somme d'argent faut-il pour faire le poids d'un kilogramme? d'or pour faire le même poids? de bronze pour faire le même poids?

5. Quel est le nombre des pièces de 20 centimes nécessaires pour faire le poids d'un kilogramme?

6. Quel est le poids du cuivre qui entre dans la composition d'une pièce de 20 francs? de 40 francs?

7. Quelle est la quantité de cuivre contenue dans 15 pièces de 5 francs? dans 32 pièces de 2 francs? dans 180 pièces de 20 centimes?

8 Quel volume d'eau pure faudrait-il pour faire équilibre à 125 francs? à 15 pièces d'or de 20 francs? à 6 de 40 francs? à 50 de 5 centimes?

9. Quelle mesure de capacité faudrait-il remplir d'eau pure pour faire équilibre à 40 pièces de 5 francs? à 30 pièces de 2 francs? à 60 pièces de 50 centimes? à 35 pièces de 20 francs? à 17 pièces de 10 centimes?

10. Quel est le poids de 5430 francs en or?

---

## 9e LEÇON.

### Applications usuelles du Système métrique.

179. — Pour trouver le poids d'une quantité d'eau dont on connaît le volume, il faut convertir le volume donné en litres, ou en décimètres cubes, et le nombre ainsi obtenu exprime en kilogrammes le poids demandé.

180. — Pour trouver le volume d'une quantité d'eau dont on connaît le poids, il faut convertir le poids donné en kilogrammes, et le nombre ainsi obtenu exprime en litres, ou en décimètres cubes, le volume demandé.

181. — Pour trouver la valeur d'une somme d'argent dont on connaît le poids, il faut convertir le poids donné en kilogrammes, multiplier ensuite le nombre obtenu par 200 francs,

valeur d'un kilogramme d'argent, le résultat exprime en francs la valeur de la somme cherchée.

182. — Pour trouver le poids d'une somme d'argent, il faut multilpier cette somme par 5 et diviser le produit obtenu par 1000, le résultat exprime en kilogrammes le poids de la somme donnée.

En divisant cette somme par 200 francs, on obtient le même résultat.

183. — Pour trouver la valeur d'une somme d'or dont on connaît le poids, il faut convertir le poids donné en kilogrammes, multiplier ensuite le nombre obtenu par 3100 francs, valeur d'un kilogramme d'or monnayé.

184. — Pour trouver le poids d'une somme d'or, il faut diviser cette somme par 3100 francs, valeur d'un kilogramme d'or monnayé.

185. — Pour trouver la valeur d'une somme de bronze dont on connaît le poids, il faut convertir le poids donné en kilogrammes, multiplier ensuite le nombre obtenu par 10 francs, valeur d'un kilogramme de bronze.

186. — Pour trouver le poids d'une somme de bronze, il faut diviser cette somme par 10 francs, valeur d'un kilogramme de bronze.

187. — Un kilogramme d'argent pur monnayé* vaut 222 f. 22

En effet, le kilogramme d'argent monnayé vaut, avec l'alliage, 200 francs, et il contient

$$0,\overset{\text{KG}}{\ } 900 \text{ ou } 900 \text{ grammes d'argent pur}$$

$$\text{et } 0,\overset{\text{KG}}{\ } 100 \text{ ou } 100 \text{ grammes de cuivre}$$

$$\text{si} \ldots \ldots \overset{\text{G}}{900} \text{ d'argent pur monnayé valent } 200 \text{ fr.}$$

$$\overset{\text{G}}{1} \ldots \ldots \ldots id \ldots \ldots \text{ne vaut que } \frac{200^f}{900}$$

$$\overset{\text{KC}}{1} \text{ ou } \overset{\text{G}}{1000} \ldots \ldots \ldots id \ldots \ldots \text{valent} \ldots \ldots \frac{200^f \times 1000}{900} = 222 \text{ f. } 22$$

Donc, etc.

---

* En parlant de la valeur de l'argent pur monnayé, on entend la valeur qu'il faut attribuer à l'argent qui entre dans la composition de la monnaie, en comprenant dans cette valeur le prix du monnayage.

**188.** — Un kilogramme d'argent pur non monnayé vaut 220 francs.

En effet, les frais de monnayage sont de 2 francs par kilogramme d'argent monnayé; de sorte que 200 francs d'argent monnayé ne valent réellement que 198 fr. Or, un kilogramme d'argent monnayé renferme 900 grammes d'argent pur,

$$\text{Ces } 900^{\text{G}} \ldots \text{valent} \ldots 198 \text{ fr.}$$

$$1^{\text{G}} \ldots \text{vaut} \ldots \frac{198^{\text{f}}}{900}$$

$$1^{\text{KG}} \text{ ou } 1000^{\text{G}} \ldots \text{valent} \ldots \frac{198^{\text{f}} \times 1000}{900} = 220 \text{ francs.}$$

Donc etc.

**189.** — Un kilogramme d'or pur monnayé vaut 3444 fr. 44 c.

En effet, le kilogramme d'or monnayé vaut, avec l'alliage, 3100 fr., et il contient 900 grammes d'or pur,

et 100 grammes de cuivre.

$$\text{Si } \quad 900^{\text{G}} \ldots \text{d'or pur monnayé valent} \ldots 3100 \text{ fr.}$$

$$1^{\text{G}} \ldots \ldots \ldots \text{ne vaut que} \ldots \frac{3100^{\text{f}}}{900}$$

$$1^{\text{KG}} \text{ ou } 1000^{\text{G}} \ldots \ldots \ldots \text{valent} \ldots \ldots \frac{3100^{\text{f}} \times 1000}{900} = 3444 \text{ f. } 44$$

Donc, etc.

**190.** — Un kilogramme d'or pur non monnayé vaut 3437 fr. 77 c.

En effet, les frais du monnayage, pour l'or, sont de 6 francs par kilogramme d'or monnayé; de sorte que 3100 francs d'or monnayé ne valent réellement que 3094 fr. Or, un kilogramme d'or monnayé renferme 900 grammes d'or pur,

$$\text{Ces } 900^{\text{G}} \ldots \text{valent} \ldots 3094 \text{ fr.}$$

$$1^{\text{G}} \ldots \text{ne vaut que} \frac{3094^{\text{f}}}{900}$$

$$1^{\text{KG}} \text{ ou } 1000^{\text{G}} \ldots \text{valent} \ldots \frac{3094^{\text{f}} \times 1000}{900} = 3437^{\text{f}}, 77$$

Donc, etc.

**191.** — Pour trouver la valeur d'une monnaie d'argent

dont le poids et le titre sont connus, il faut convertir le poids donné en kilogrammes; multiplier le poids par le titre et le produit obtenu par 222 fr. 22, valeur d'un kilogramme d'argent pur monnayé; le résultat exprime la valeur de l'argent pur contenu dans la pièce de monnaie donnée.

192. — Pour trouver la valeur d'un lingot d'argent dont on connaît le poids et le titre, il faut convertir le poids donné en kilogrammes; multiplier le poids par le titre et le produit obtenu par 220 francs, valeur d'un kilogramme d'argent pur non monnayé; le résultat exprime la valeur de l'argent pur contenu dans le lingot.

193. — Pour trouver la valeur d'une monnaie d'or dont le poids et le titre sont connus, il faut convertir le poids donné en kilogrammes, multiplier le poids par le titre et le produit obtenu par 3444 fr. 44, valeur d'un kilogramme d'or pur monnayé; le résultat exprime la valeur de l'or pur contenu dans la pièce de monnaie donnée.

194. — Pour trouver la valeur d'un lingot d'or dont on connaît le poids et le titre, il faut convertir le poids donné en kilogrammes; multiplier le poids par le titre et le produit obtenu par 3437 fr. 77, valeur d'un kilogramme d'or pur contenu dans le lingot.

### Questionnaire.

179. Comment trouve-t-on le poids d'une quantité d'eau dont on connaît le volume? — 180. Comment trouve-t-on le volume d'une quantité d'eau dont on connaît le poids? — 181. Comment trouve-t-on la valeur d'une somme d'argent dont on connaît le poids? — 182. Comment trouve-t-on le poids d'une somme d'argent? — 183. Comment trouve-t-on la valeur d'une somme d'or dont on connaît le poids? — 184. Comment trouve-t-on le poids d'une somme d'or? — 185. Comment trouve-t-on la valeur d'une somme de bronze dont on connaît le poids? — 186. Comment trouve-t-on le poids d'une somme de bronze? — 187. Combien vaut un kilogramme d'argent pur monnayé? — 188. d'argent pur non monnayé? — 189. Combien vaut un kilogramme d'or pur monnayé? — 190. d'or pur non monnayé? — 191. Comment trouve-t-on la valeur d'une monnaie d'argent dont le poids et le titre sont connus? — 192. Comment trouve-t-on la valeur d'un lingot d'argent dont on connaît le poids et le titre? — 193. Comment trouve-t-on la valeur d'une monnaie d'or dont le poids et le titre sont connus? — 194. Comment trouve-t-on la valeur d'un lingot d'or dont on connaît le poids et le titre?

# CALCUL ÉLÉMENTAIRE.

## Exercices pour les Commençants.

1. Quel est le poids de l'eau nécessaire pour remplir les mesures suivantes : 3 doubles décalitres. 325,HL90 ; 1536 centilitres ; 89,DL730 ; 36,dmc40 ; 336,Mc25 ; 87,cmc18 : 37,dmc03 et 387 millilitres ?

2. Quel volume d'eau faut-il prendre, ou quelle mesure de contenance faut-il remplir d'eau pour obtenir les poids suivants : 45 hectogrammes ? 2 myriagrammes ? 18,QX25 ? 8305 milliers métriques, 85 grammes ? 1292cg ? 109 décagrammes 25 ?

3. Quelle somme d'argent faut-il prendre pour obtenir les poids suivants : 25,kc36 ; 0,mc750 ; 1,mc095 ; 15,qx25 ; 112,nc15 ; 135,dg18 et 158,c175 ?

4. Quel est le poids des sommes d'argent suivantes : 456 fr. ; 375 fr. ; 337 fr. 75 ; 0f,45 ; 6 pièces de 2 fr. ; 18 pièces de 5 fr. ; 46 pièces de 50 centimes ; 312 pièces de 20 centimes ?

5. Quelle somme d'or faut-il prendre pour obtenir les poids suivants : 235 décagrammes ; 23 grammes ; 75,nc7 ; 125,MG12 ; 7,xc78 ; 137 décigrammes ; 3456 centigrammes ?

6. Quel est le poids des sommes d'or suivantes : 3780 fr. en pièces de 20 francs ; 80040 francs en pièces de 40 francs ; 2760 francs en pièces de 20 francs et 184760 francs en pièces de 40 francs ?

7. Combien pèse un sac de 5000 francs en argent ? un sac de 18000 francs en pièces d'or de 20 francs ? un sac de 375 fr. 20 en pièces de bronze ? un sac de 7836 fr. 40 en pièces de 20 centimes ?

8. Une pièce de 5 francs ne pèse que 24,c735, combien perd-elle, 1° en poids, 2° en valeur ?

9. 30 pièces de 2 francs ne pèsent que 275 grammes, combien y a-t-il de perte, 1° en poids, 2° en valeur ?

10. Une pièce d'or de 40 francs ne pèse que 12,c7427 dix-millièmes ; combien y a-t-il de perte, 1° en poids, 2° en valeur ?

---

## 10e LEÇON.

### Mesures du temps et de la circonférence.

195. — Outre les unités de mesure qui composent le système métrique, on se sert encore en France de deux autres unités de mesure qui sont le jour et le degré.

196. — Le jour est le temps que la terre met à tourner sur elle-même ; il se divise en 24 heures, l'heure en 60 minutes, la minute en 60 secondes.

197. — La semaine est une période de 7 jours ; le mois

commercial est de 30 jours ; l'année commune, de 365 jours.

Dans le commerce, on considère l'année composée de 12 mois de 30 jours, ou de 360 jours.

L'année est le temps que la terre met à tourner autour du soleil.

**198.** — La circonférence de cercle est une ligne courbe dont tous les points sont à égale distance d'un point intérieur appelé centre.

**199.** — Toute circonférence de cercle, grande ou petite, se divise en 360 degrés, le degré en 60 minutes, la minute en 60 secondes, la seconde en 60 tierces ; le degré, la minute, la seconde, la tierce de degré se marquent ainsi : (°), ('), ("), ("').

**200.** — 1. PROBLÈME. Combien y a-t-il de secondes dans 6 années de 365 jours ?

Pour résoudre ce problème, je dis :

si dans l'année.. il y a............ 365 jours,

dans 6 années, il y a six fois plus de jours que dans une année, ou  $365 \times 6 = 2190$ jours ;

si dans 1 jour, il y a.............. 24 heures,

dans 2190 jours, il y a 2190 fois plus d'heures que dans un jour, ou..........................  $24 \times 2190 = 52560$ heures ;

si dans 1 heure, il y a............ 60 minutes,

dans 52560 heures, il y a 52560 fois plus de minutes que dans une heure, ou...............  $60 \times 52560 = 3153600$ min. ;

si dans 1 minute, il y a.......... 60 secondes,

dans 3153600 minutes, il y a 3153600 fois plus de secondes que dans une minute, ou.....  $60 \times 3153600 = 189216000$ sec.

**201.** — 2. PROBLÈME. Combien y a-t-il de jours dans 3 ans, 7 mois, 15 jours ?

si dans 1 an, il y a................ 365 jours,

dans 3 ans, il y a 3 fois plus de jours que dans un an, ou.....  $365 \times 3 = 1095$ jours ;

si dans 1 mois, il y a............ 30 jours,

dans 7 mois, il y a 7 fois plus de jours que dans un mois, ou...  $30 \times 7 = 210$ jours.

Je joins à ces nombres de jours, les............. 15 jours donnés,

et je trouve que dans 3 ans, 7 mois, 15 jours, il y a 1320 jours.

**202.** — 3. Problème. Combien y a-t-il de secondes dans 45 degrés ?

si dans un degré, il y a........... 60 minutes,

dans 45 degrés, il y a 45 fois plus de minutes que dans un degré, ou.................... $60 \times 45 = 2700$ minutes ;

si dans 1 minute, il y a.......... 60 secondes,

dans 2700 minutes, il y a 2700 fois plus de secondes que dans une minute, ou.............. $60 \times 2700 = 162000$ secondes.

**203.** — 4. Problème. Combien y a-t-il d'années, ou de mois, ou de jours, ou d'heures dans 3153600 minutes ?

Pour résoudre ce problème, j'observe que le nombre d'heures cherchées, multiplié par 60 minutes, que vaut une heure, doit produire 3153600 minutes ; ce nombre est donc un produit de deux facteurs dont 60 est le facteur connu, pour avoir le facteur inconnu, il faut diviser 3153600 par 60 (68), ce qui donne

$$\frac{3153600}{60} = 52560 \text{ heures.}$$

Par un raisonnement analogue au précédent, je démontrerais que pour obtenir le nombre de jours qu'il y a dans 52560 heures, il faut diviser ce nombre par 24 heures, que vaut un jour, ce qui donne

$$\frac{52560}{24} = 2190 \text{ jours.}$$

En divisant 2190 jours par 30 jours, que vaut un mois, on trouve le nombre de mois qu'il y a dans 2190 jours, ce qui donne

$$\frac{2190}{30} = 73 \text{ mois.}$$

Enfin, en divisant 73 mois par 12 mois, que vaut une année, on trouve le nombre d'années qu'il y a dans 73 mois, ce qui donne

$$\frac{73}{12} = 6 \text{ années et un mois.}$$

Dans 3153600 minutes, il y a donc 6 années commerciales et un mois, ou 73 mois, ou 2190 jours, ou 52560 heures.

### Addition.

**204.** — 5. Problème. Un capitaine de vaisseau a fait trois fois le tour du monde : la première fois il a mis 3 ans, 4 mois, 17 jours ; la seconde fois, 4 ans, 7 mois, 25 jours, et la troisième fois, 5 ans, 11 mois, 29 jours ; combien de temps ont duré ces trois voyages.

Pour résoudre ce problème, j'écris les nombres donnés les uns sous les autres de manière que les nombres de même espèce se correspondent dans une même colonne verticale, et je souligne le tout.

$$3\text{ ans} \quad 4\text{ mois} \quad 17\text{ jours.}$$
$$4 \quad\quad 7 \quad\quad 25$$
$$5 \quad\quad 11 \quad\quad 29$$

$$14\text{ ans} - 0\text{ mois} - 11\text{ jours.}$$

Ensuite, à partir de la 1re colonne à droite, je fais la somme des jours contenus dans cette colonne, cette somme est 71 jours, ou 2 mois 11 jours, $(71 : 30 = 2^m + 11 j)$ ; j'écris 11 jours sous la colonne des jours, et je retiens les deux mois pour les joindre aux mois ; je fais la somme des mois, je trouve que cette somme est 24 mois, qui font deux ans $(24 : 12 = 2^{ans})$, j'écris 0 sous la colonne des mois et je retiens les 2 ans pour les joindre aux ans ; je fais ensuite la somme des ans, je trouve 14 ans, que j'écris sous la colonne des ans. Par ce moyen, je connais que les trois voyages ont duré 14 ans, 11 jours.

## Soustraction.

205. — 6. PROBLÈME. Une personne est née en 1824, le 12 mai, à 4 heures du matin ; on demande quel âge elle aura en 1860, le 15 août à 6 heures du matin ?

Pour effectuer cette opération, je n'écris que 1859 ans, 7 mois, 14 jours, 6 heures, parce que la dernière année, le huitième mois, et le 15e jour ne sont pas terminés ; je suis la même méthode pour écrire le nombre inférieur. Cette méthode est généralement employée ; cependant on obtiendrait le même résultat, si l'on écrivait les nombres comme ils sont énoncés dans le problème, parce que la même marche, étant suivie pour les deux nombres, établirait la compensation.

$$1859\text{ ans} \quad 7\text{ mois} \quad 14\text{ jours} \quad 6\text{ heures}$$
$$1823 \quad\quad 4 \quad\quad 11 \quad\quad 4$$

$$36\text{ ans} - 3\text{ mois} - 3\text{ jours} - 2\text{ heures.}$$

Ensuite, je dis : 4 ans de 6 ans, reste 2 ans, que j'écris sous la colonne des ans ; 11 jours de 14 jours, reste 3 jours, que j'écris sous la colonne des jours ; 4 mois de 7 mois, reste 3 mois, que j'écris sous la colonne des mois ; 1823 ans de 1859 ans, reste 36 ans, que j'écris sous la colonne des ans. De cette manière je trouve que cette personne aura, en 1860, le 15 août à six heures du matin, 36 ans, 3 mois, 3 jours, 2 heures.

206. — 7. **Problème.** Soit proposé de soustraire du nombre

le nombre

$$45° __ 6' __ 30'' __ 8'''$$
$$20° __ 12' __ 25'' __ 15'''$$
$$\overline{24° __ 54' __ 4'' __ 53'''}$$

Pour effectuer cette opération, je dis : 15 tierces de 8 ''', cela ne se peut, j'emprunte sur 30'' une seconde qui vaut 60'''; 60''' et 8''' font 68''; 15''' de 68''' reste 53''' que j'écris sous la colonne des tierces ; 25'' de 29'' reste 4'', que j'écris sous la colonne des secondes ; 12' de 6', cela ne se peut, j'emprunte sur 45°, un degré qui vaut 60'; 60' et 6' font 66', 12' de 66', reste 54', que j'écris sous la colonne des minutes ; 20° de 44° reste 24°, que j'écris sous la colonne des degrés.

### Multiplication.

207. — 8. **Problème.** Un jeune homme a été en pension pendant 3 ans, 4 mois et 20 jours ; il payait 360 francs par an : on demande quelle somme il a dépensée? (année commerciale.)

Pour résoudre ce problème, j'observe que si le jeune homme payait par an une somme de.................... 360 francs.

pour 3 ans, il a payé 3 fois plus que pour un an, ou........................... $360 \times 3 = 1080$ fr.

pour 4 mois, $\frac{1}{3}$ de l'année, il a payé en plus le $\frac{1}{3}$ de 360, ou................ $\frac{360}{3} = 120$ fr.

pour 20 jours, $\frac{1}{18}$ de l'année, il a payé en plus le $\frac{1}{18}$ de 360 fr., ou.................. $\frac{360}{18} = 20$ fr.

Il a donc dépensé...............1220 fr.

2e *Méthode.* — Pour effectuer cette opération, il faut convertir les ans, les mois et les jours en jours, ce qui donne (201) 1220 jours, et dire :

si pour un an, ou 360 jours, ce jeune homme a payé...................... 360 francs.

pour un jour, il a payé 360 fois moins que pour 360 j., ou................... $\frac{360\,f}{360} = 1$ fr.

pour 1220 jours, il a payé, 1220 fois plus que pour un jour, ou................. $1^f \times 1220 = 1220$ francs.

### Division.

208. — 9. **Problème.** Un cultivateur a donné une somme de 2284 fr. 20 à un ouvrier qu'il a employé pendant 4 ans,

8 mois, 12 jours : on demande combien cet ouvrier gagnait par an, par mois et par jour ?

Pour résoudre cette question, je convertis 4 ans, 8 mois, 12 jours en jours (201), ce qui donne 1692 jours, puis je dis :

Pour 1692 jours, cet ouvrier a reçu.... 2284,f20

pour 1 jour, il a reçu 1692 fois moins que pour 1692 j., ou..................  $\dfrac{2284,f20}{1692} = 1,f35$

pour 1 mois, ou 30 j., il a reçu 30 fois plus que pour 1 j., ou............  $1,f35 \times 30 = 40,f50$

pour 1 an, ou 12 mois, il a reçu 12 fois plus que pour 1 mois, ou...........  $40,f50 \times 12 = 486$ francs.

**209.** — 10. PROBLÈME. Une locomotive parcourt 40 kilomètres dans une heure : on demande combien elle mettra d'heures, de minutes et de secondes pour parcourir 225 kilomètres ?

Pour résoudre ce problème, j'observe que, puisque cette locomotive met une heure pour parcourir 40 kilomètres, autant de fois 225 kilomètres en contiendront 40, autant d'heures il lui faudra pour parcourir 225 KM. En effectuant les calculs, je trouve 5 heures, et il reste 25 kilomètres à parcourir ; je multiplie ce reste par 60 minutes, puis je divise le produit obtenu par le même diviseur, et j'obtiens 37 minutes au quotient et 20 pour reste, que je multiplie par 60 secondes, je divise le produit obtenu toujours par le même diviseur, et j'ai 30 secondes au quotient. Ainsi, pour parcourir 225 kilomètres, cette locomotive mettra 5 heures, 37 minutes, 30 secondes.

```
    225   |  40
     25   | ————————
  ×  60ᵐ  | 5ʰ. 37ᵐ 30ˢ
  ——————
   1500ᵐ
    300
     20
  ×  60ˢ
  ——————
   1200ˢ
    000
```

### Questionnaire.

195. Quelles sont les deux autres unités de mesure dont on se sert en France, outre celles du système métrique ? — 196. Qu'est-ce que le jour, et comment se divise-t-il ? — 197. Qu'est-ce que la semaine, le mois, l'année ? — 198. Qu'est-ce que la circonférence de cercle ? — 199. Comment divise-t-on la circonférence ?

# TROISIÈME LIVRE.

**Numération des Fractions ordinaires. --- Réduction des Fractions au même dénominateur, Réduction des Fractions à leur plus simple expression, Réduction d'un nombre fractionnaire en une seule expression fractionnaire et réciproquement. --- Conversion des Fractions ordinaires en Fractions décimales. -- Conversion des Fractions décimales en Fractions ordinaires. --- Addition des Fractions. --- Soustraction des Fractions. -- Multiplication des Fractions. -- Division des Fractions.**

## PREMIÈRE LEÇON.

### Numération des Fractions ordinaires.

210. — Une fraction est une ou plusieurs parties égales de l'unité.

211. — On distingue deux termes dans une fraction, le numérateur et le dénominateur.

212. — Le dénominateur d'une fraction indique en combien de parties égales l'unité est divisée ; le numérateur indique combien on prend de ces parties.

213. — Pour écrire une fraction, il faut écrire le numérateur sous lequel on place le dénominateur, puis on sépare ces deux termes par un trait horizontal ; ce trait signifie *divisé par*.

La fraction *quatre septième*, s'écrit : $\frac{4}{7}$.

214. — Pour lire une fraction, il faut lire successivement le numérateur et le dénominateur, en faisant suivre ce dernier de la terminaison *ième* ; $\frac{7}{8}$ se lit sept huit*ième* : sont exceptées les fractions qui ont pour dénominateur un des nombres 2, 3, 4 ; ainsi les fractions $\frac{1}{2}$, $\frac{2}{3}$, $\frac{3}{4}$ se lisent un *demi*, deux *tiers*, trois *quarts*.

215. — Si, sans altérer le dénominateur d'une fraction, on rend le numérateur un certain nombre de fois plus grand ou plus petit, la fraction devient le même nombre de fois plus grande ou plus petite.

Soit la fraction $\frac{4}{5}$ ; je rends le numérateur de cette frac-

$$\frac{4}{5} \times 3 = \frac{12}{5}$$ tion 3 fois plus grand, j'ai $\frac{12}{5}$; je dis que la fraction résultante $\frac{12}{5}$ est 3 fois plus grande que la fraction proposée $\frac{4}{5}$.

En effet, dans les deux fractions, l'unité est divisée en 5 parties égales; mais la fraction résultante $\frac{12}{5}$ renferme 3 fois plus de parties que la fraction proposée $\frac{4}{5}$; donc, la fraction résultante $\frac{12}{5}$ est 3 fois plus grande que la fraction proposée $\frac{4}{5}$.

Soit la fraction, $\frac{15}{6}$; je rends le numérateur de cette frac- $$\frac{15}{6} : 3 = \frac{5}{6}$$ tion 3 fois plus petit, j'ai $\frac{5}{6}$; je dis que la fraction résultante $\frac{5}{6}$ est 3 fois plus pe- tite que la fraction proposée $\frac{15}{6}$.

En effet, dans les deux fractions, l'unité est divisée en 6 parties égales; mais la fraction résultante $\frac{5}{6}$ renferme 3 fois moins de parties que la fraction proposée $\frac{15}{6}$; donc, la fraction résultante est 3 fois plus petite que la fraction proposée; *donc, etc.* (215).

216. — Si, sans altérer le numérateur d'une fraction, on rend le dénominateur un certain nombre de fois plus grand ou plus petit, la fraction devient le même nombre de fois plus petite ou plus grande.

Soit la fraction $\frac{3}{4}$; je rends le dénominateur de cette fraction 3 fois plus grand, j'ai $\frac{3}{12}$; je dis $$\frac{3}{4} \times 3 = \frac{3}{12}$$ que la fraction résultante $\frac{3}{12}$ est 3 fois plus petite que la fraction proposée $\frac{3}{4}$.

En effet, dans les deux fractions, on prend un même nombre de parties de l'unité; mais les parties 12e de la fraction résultante sont 3 fois plus petites que les parties *quarts* de la fraction proposée; donc, la fraction résultante est 3 fois plus petite que la fraction proposée.

Soit la fraction $\frac{5}{24}$; je rends le dénominateur de cette fraction 4 fois plus petit, j'ai $\frac{5}{6}$; je dis que $$\frac{5}{24} : 4 = \frac{5}{6}$$ la fraction résultante $\frac{5}{6}$ est 4 fois plus grande que la fraction proposée $\frac{5}{24}$.

En effet, dans les deux fractions, on prend un même nombre de parties de l'unité; mais les parties 6e de la fraction résultante sont 4 fois plus grandes que les parties 24ᵉ de la fraction proposée ; donc, la fraction résultante est 4 fois plus grande que la fraction proposée ; donc, etc.

217. — On ne change point la valeur d'une fraction, quand on multiplie ou qu'on divise ses deux termes par un même nombre.

Soit la fraction $\frac{3}{7}$ ; je multiplie les deux termes de cette fraction par le même nombre 4, j'ai $\frac{12}{28}$ ; je dis que la fraction résultante $\frac{12}{28}$ est égale à la fraction proposée $\frac{3}{7}$.

$$\frac{3 \times 4 = 12}{7 \times 4 = 28}$$

En effet, en multipliant par 4 le numérateur de la fraction $\frac{3}{7}$, je rends cette fraction 4 fois plus grande (215) ; mais en multipliant par 4 le dénominateur de cette fraction, je la rends 4 fois plus petite (216) ; elle ne change donc pas de valeur. Ainsi, les fractions $\frac{3}{7}$ et $\frac{12}{28}$ sont équivalentes.

Soit la fraction $\frac{21}{35}$ ; je divise les deux termes de cette fraction par le même nombre 7, j'ai $\frac{3}{5}$ ; je dis que la fraction résultante $\frac{3}{5}$ est égale à la fraction proposée $\frac{21}{35}$.

$$\frac{21 : 7 = 3}{35 : 7 = 5}$$

En effet, en divisant par 7 le numérateur de la fraction $\frac{21}{35}$, je rends cette fraction 7 fois plus petite (215) ; mais en divisant par 7 le dénominateur de cette fraction, je la rends 7 fois plus grande (216) ; elle ne change donc pas de valeur. Ainsi, les fractions $\frac{21}{35}$ et $\frac{3}{5}$ sont équivalentes.

218. — Remarque. de deux fractions qui ont le même *dénominateur*, celle qui est la plus grande est celle qui a le plus grand *numérateur* $\frac{5}{8} > \frac{3}{8}$ ; et de deux fractions qui ont le même *numérateur*, celle qui est la plus grande est celle qui a le plus petit *dénominateur* $\frac{5}{7} > \frac{5}{9}$.

219. — Si l'on augmente d'un même nombre les deux termes d'une fraction, on augmente cette fraction.

Soit la fraction $\frac{7}{8}$ ; j'augmente du même nombre 4 les deux termes de cette fraction, j'ai $\frac{11}{12}$ ; je dis que la fraction résultante $\frac{11}{12}$ est plus grande que la fraction proposée $\frac{7}{8}$.

$$\frac{7 + 4 = 11}{8 + 4 = 12}$$

En effet, il faudrait qu'on ajoutât $\frac{1}{8}$ à la fraction $\frac{7}{8}$ pour avoir l'unité, et il faudrait qu'on ajoutât $\frac{1}{12}$ à la fraction $\frac{11}{12}$ pour avoir l'unité : les fractions $\frac{1}{8}$ et $\frac{1}{12}$ ont le même numérateur, la fraction $\frac{1}{12}$ est donc plus petite que la fraction $\frac{1}{8}$ (218); or, il faudrait moins ajouter à $\frac{11}{12}$ qu'à $\frac{7}{8}$ pour avoir l'unité, donc, la fraction $\frac{11}{12}$ est plus grande que la fraction $\frac{7}{8}$; donc, etc.

Le contraire aurait lieu, si l'on diminuait d'un même nombre les deux termes d'une fraction ; ou si l'on augmentait d'un même nombre les deux termes d'une expression fractionnaire.

### Questionnaire.

210. Qu'est-ce qu'une fraction? — 211. Combien distingue-t-on de termes dans une fraction? — 212. Qu'indiquent le dénominateur et le numérateur? — 213. Comment écrit-on une fraction? — 214. Comment lit-on une fraction? — 215. Que devient une fraction, si l'on rend son numérateur un certain nombre de fois plus grand ou plus petit. — 216. Que devient une fraction, si l'on rend son dénominateur un certain nombre de fois plus grand ou plus petit? — 217. Change-t-on la valeur d'une fraction en multipliant ou en divisant ses deux termes par un même nombre? — 218. Quelle est la plus grande de deux fractions qui ont le même dénominateur, ou le même numérateur? — 219. Que devient une fraction, si l'on augmente ses deux termes d'un même nombre?

## 2ᵉ LEÇON.

RÉDUCTION DES FRACTIONS AU MÊME DÉNOMINATEUR. — RÉDUCTION DES FRACTIONS A LEUR PLUS SIMPLE EXPRESSION. — RÉDUCTION D'UN NOMBRE FRACTIONNAIRE EN UNE SEULE EXPRESSION FRACTIONNAIRE ET RÉCIPROQUEMENT.

### 1° Réduction des Fractions au même Dénominateur.

220. — Réduire des fractions au même dénominateur, c'est les transformer en d'autres fractions respectivement équivalentes, et qui aient toutes le même dénominateur.

221. — Pour réduire deux fractions au même dénominateur, il faut multiplier les deux termes de la première fraction par le dénominateur de la seconde; et les deux termes de la seconde par le dénominateur de la première.

Soit à réduire, au même dénominateur, les deux fractions $\frac{4}{5}$ et $\frac{7}{8}$.

D'après la règle énoncée, je multiplie les deux termes de la fraction $\frac{4}{5}$ par 8, dénominateur de la 2e fraction, j'ai $\frac{32}{40}$ pour produit ; je multiplie ensuite les deux termes de la fraction $\frac{7}{8}$ par 5, dénominateur de la 1re fraction, et j'ai $\frac{35}{40}$ pour produit.

$$\text{OPÉRATION :} \qquad \frac{4}{5} \qquad\qquad \frac{7}{8}$$

$$\frac{4\times 8}{5\times 8} \qquad\qquad \frac{7\times 5}{8\times 5}$$

$$\frac{32}{40} \qquad\qquad \frac{35}{40}$$

Les fractions résultantes $\frac{32}{40}$ et $\frac{35}{40}$ sont respectivement équivalentes aux fractions $\frac{4}{5}$ et $\frac{7}{8}$, et de plus, elles ont le même dénominateur.

En effet, la fraction $\frac{32}{40}$ est équivalente à la fraction $\frac{4}{5}$, puisqu'elle provient de cette fraction dont on a multiplié les deux termes par un même nombre (217); la fraction $\frac{35}{40}$ est équivalente à la fraction $\frac{7}{8}$, puisqu'elle provient de cette fraction dont on a multiplié les deux termes par un même nombre ; de plus, ces deux fractions ont le même dénominateur, puisque ce dénominateur est le produit des deux dénominateurs 5 et 8, multipliés dans un ordre différent, ce qui n'altère pas la valeur du produit (63).

222. — Pour réduire plus de deux fractions au même dénominateur, il faut multiplier les deux termes de chaque fraction par le produit effectué de tous les autres dénominateurs.

En opérant ainsi, les fractions résultantes seront respectivement équivalentes aux proposées, puisqu'elles proviendront de celles-ci, dont on aura multiplié les deux termes par un même nombre (217); de plus, ces fractions auront le même dénominateur, car chaque dénominateur sera le produit de tous les dénominateurs primitifs, multipliés dans un ordre différent, ce qui n'altère pas la valeur du produit (66).

Soit à réduire au même dénominateur les 3 fractions suivantes :

$$\frac{5}{6} \qquad \frac{7}{12} \qquad \frac{13}{24}$$

Ces fractions deviennent respectivement :

$$\frac{5 \times 12 \times 24}{6 \times 12 \times 24} \qquad \frac{7 \times 6 \times 24}{12 \times 6 \times 24} \qquad \frac{13 \times 6 \times 12}{24 \times 6 \times 12}$$

ou, en effectuant les produits :

$$\frac{1440}{1728} \qquad \frac{1008}{1728} \qquad \frac{936}{1728}$$

**223.** — Quand un dénominateur des fractions données est exactement divisible par tous les autres, on prend ce dénominateur pour dénominateur commun, on le divise par chacun des autres dénominateurs, on écrit chaque quotient sous le dénominateur qui a servi de diviseur, puis on multiplie les deux termes de chaque fraction par le quotient correspondant (385).

Dans l'exemple précédent, le dénominateur 24, de la fraction $\frac{13}{24}$, est exactement divisible par les deux autres dénominateurs 6 et 12 des fractions $\frac{5}{6}$ et $\frac{7}{12}$ ; en opérant comme il vient d'être indiqué,

$$\frac{5}{6} \qquad \frac{7}{12} \qquad \frac{13}{24}$$
$$4 \qquad\qquad 2 \qquad\qquad 1$$

je trouve : $\dfrac{20}{24} \qquad \dfrac{14}{24} \qquad \dfrac{13}{24},$ fractions respectivement équivalentes aux proposées, et ayant le même dénominateur.

## 2° Réduction des Fractions à leur plus simple expression.

**224.** — Réduire une fraction à sa plus simple expression, c'est calculer une fraction équivalente à la proposée, et dont les deux termes soient les plus petits nombres possibles.

**225.** — Pour réduire une fraction à sa plus simple expression, il faut, autant de fois qu'on le peut, diviser ses deux termes par les nombres 2, 3, 5...., ce qui ne change pas la valeur de cette fraction (217).

Soit la fraction $\frac{54}{72}$ à réduire à sa plus simple expression.

Il est aisé de voir que les deux termes de cette fraction sont divisibles par 2; en effectuant les divisions, j'obtiens pour premier résultat $\frac{27}{36}$. Les deux termes de cette nouvelle fraction ne sont plus divisibles par 2, j'essaie la division par 3, je trouve $\frac{9}{12}$, fraction dont les deux termes sont encore divisibles par 3; j'effectue ces divisions et je trouve enfin $\frac{3}{4}$ pour la fraction $\frac{54}{72}$ réduite à sa plus simple expression.

OPÉRATION.

$$\frac{54}{72} : \frac{2}{2} = \frac{27}{36} : \frac{3}{3} = \frac{9}{12} : \frac{3}{3} = \frac{3}{4} \quad (\text{Voir } 372.)$$

### 3° Réduction d'un nombre fractionnaire en une seule expression fractionnaire *, et réciproquement.

227. — Pour réduire un nombre fractionnaire en fraction, il faut multiplier l'entier par le dénominateur de la fraction, ajouter au produit le numérateur, et donner au résultat, pour dénominateur, celui de la fraction.

Soit à réduire en fraction, le nombre fractionnaire 4 unités $\frac{7}{8}$.

Pour y parvenir, j'observe qu'une unité vaut 8 huitièmes, que, par conséquent, 4 unités valent 4 fois 8 huitièmes ou 32 huitièmes auxquels j'ajoute les $\frac{7}{8}$, ce qui donne $\frac{39}{8}$. Ainsi, 4 unités $\frac{7}{8} = \frac{39}{8}$.

227. — Pour extraire les unités contenues dans une expression fractionnaire, il faut diviser le numérateur de la fraction par son dénominateur, le quotient exprime les unités; ensuite, prendre le reste de la division, s'il y en a

---

* On appelle expression fractionnaire, un nombre fractionnaire mis sous la forme de fraction.

un, pour numérateur et le diviseur pour dénominateur d'une fraction qu'on écrit à la droite des unités.

Par ce moyen, je trouve que l'expression fractionnaire $\frac{45}{7} = 6$ unités $\frac{3}{7}$.

OPÉRATION :   $\begin{array}{c|l} 45 & 7 \\ \phantom{4}3 & 6 \text{ unités } \frac{3}{7} \end{array}$

## Questionnaire.

220. Qu'est-ce que réduire des fractions au même dénominateur ? — 221. Comment réduit-on deux fractions au même dénominateur, raisonnez sur un exemple ? — 222. Comment réduit-on plus de deux fractions au même dénominateur ? — 223. S'il se trouve qu'un dénominateur des fractions données soit exactement divisible par tous les autres, comment fait-on la réduction au même dénominateur ? —224. Qu'est-ce que réduire une fraction à sa plus simple expression ? — 225. Comment réduit-on une fraction à sa plus simple expression ? — 226. Comment réduit-on un nombre fractionnaire en fraction ? — 227. Comment extrait-on les unités contenues dans une expression fractionnaire ?

---

## 3e LEÇON.

### Conversion des Fractions ordinaires en Fractions décimales.

228. — On peut considérer deux cas dans la conversion des fractions ordinaires en fractions décimales.

Le premier cas se présente quand le dénominateur de la fraction est exprimé par l'unité suivie d'un ou de plusieurs zéros.

Le 2e cas se présente quand le dénominateur est un nombre quelconque.

229. — Pour convertir en fraction décimale, une fraction ordinaire qui a pour dénominateur l'unité suivie d'un ou de plusieurs zéros, il faut supprimer le dénominateur de cette fraction, et séparer, par une virgule, à la droite du numérateur, autant de chiffres décimaux qu'il y avait de zéros à la droite de l'unité dans le dénominateur.

Ainsi, la fraction ordinaire $\frac{18}{100}$ revient à la fraction décimale 0,18.

En effet, une fraction ordinaire est égale au quotient de la division de son numérateur par son dénominateur ; si l'on effectue cette division, on a en décimales la valeur de la fraction ordinaire proposée ; or, pour diviser 18 par 100, il faut séparer 2 chiffres décimaux à la droite de 18, ce qui donne 0,18 ; donc, etc.

230. — Pour convertir en fraction décimale, une fraction ordinaire qui a pour dénominateur un nombre quelconque, il faut concevoir le numérateur suivi d'un nombre indéfini de zéros, effectuer ensuite la division du numérateur, ainsi préparé, par le dénominateur de la fraction, et séparer, sur la droite du quotient, autant de chiffres décimaux qu'il a été employé de zéros.

Soit à convertir en fraction décimale, la fraction ordinaire $\frac{7}{8}$.

Pour y parvenir, j'effectue l'opération comme il vient d'être dit,

$$\begin{array}{r|l} 7000 & 8 \\ 60 & \overline{0,875} \\ 40 & \end{array}$$

puis, je sépare 3 chiffres décimaux sur la droite du quotient, parce que j'ai dû employer 3 zéros pour arriver à un reste nul.

En plaçant 3 zéros sur la droite du numérateur, j'ai rendu la fraction 1000 fois plus grande, par conséquent, le quotient obtenu était 1000 fois trop grand, pour le ramener à sa juste valeur, il fallait le diviser par 1000, c'est ce que j'ai fait en séparant 3 chiffres décimaux sur sa droite.

On peut dire encore, une unité vaut 10 dixièmes, les $\frac{7}{8}$ d'une unité valent les $\frac{7}{8}$ de 10 dixièmes, ou les $\frac{70}{8}$ d'un dixième ; or, la division de 70 par 8 donne 8 pour quotient et 6 pour reste ; les $\frac{7}{8}$ d'une unité valent donc 8 dixièmes plus $\frac{6}{8}$ d'un dixième. Un dixième vaut 10 centièmes ; les $\frac{6}{8}$ d'un dixième valent donc les $\frac{6}{8}$ de dix centièmes, ou les $\frac{60}{8}$ d'un centième ; or, la division de 60 par 8 donne 7 pour quotient et 4 pour reste ; les $\frac{6}{8}$ d'un dixième valent donc 7 centièmes plus les $\frac{4}{8}$ d'un centième ; en continuant ainsi, on est amené à la règle énoncée précédemment.

231. — Toutes les fractions ordinaires ne sont pas exacte-

ment réductibles en décimales ; la fraction $\frac{4}{7}$, par exemple, ne l'est pas.

|  4000000 | 7 |
|  50 | 0, 571428 |
|  10 | |
|  30 | |
|  20 | |
|  60 | |
|  4 | |

En effet, après avoir effectué 6 divisions, le reste qu'on obtient est le numérateur même de la fraction proposée ; si l'on place un zéro à la droite de ce reste, le 7ᵉ dividende partiel sera le même que le premier, on aura donc pour 7ᵉ chiffre du quotient et pour 7ᵉ reste, le 1ᵉʳ chiffre du quotient et le premier reste, ce qui amènera le deuxième dividende partiel, et par conséquent, le deuxième chiffre du quotient et le deuxième reste, et ainsi de suite ; c'est-à-dire que les chiffres 5, 7, 1, 4, 2, 8, reviendront toujours et périodiquement dans l'expression de la fraction décimale équivalente à la fraction ordinaire $\frac{4}{7}$ ; donc, cette fraction n'est pas exactement réductible en fraction décimale ; on a :

$$\frac{4}{7} = 0,571428571428\ldots\ldots\ldots\ldots\ldots\ldots\ldots \text{ à l'infini.}$$

232. — Les fractions décimales dans lesquelles les mêmes chiffres reviennent périodiquement et à l'infini, se nomment fractions décimales périodiques.

233. — On appelle fractions périodiques simples, les fractions décimales périodiques dont la période commence au premier chiffre décimal : $0,571428571428\ldots\ldots\ldots\ldots$ est une fraction périodique simple.

234. — On appelle fractions périodiques mixtes, celles dont la période ne commence qu'après quelques chiffres irréguliers : $0,94444\ldots\ldots\ldots\ldots$ est une fraction périodique mixte.

235. — On reconnaît qu'une fraction ordinaire est exactement réductible en fraction décimale, quand le dénominateur de cette fraction ne renferme pas d'autres facteurs premiers que 2 et 5, et si la fraction ordinaire proposée est irréductible, le nombre des divisions à effectuer, est marqué par le plus grand des deux exposants de 2 et 5, qui entrent dans le dénominateur.

## Questionnaire.

**228.** Combien peut-on considérer de cas dans la conversion des fractions ordinaires en fractions décimales ? — **229.** Comment convertit-on en fraction décimale, une fraction ordinaire qui a pour dénominateur l'unité suivie d'un ou de plusieurs zéros ? — **230.** Comment convertit-on en fraction décimale une fraction ordinaire qui a pour dénominateur un nombre quelconque ? — **231.** Toutes les fractions ordinaires sont-elles exactement réductibles en décimales ? — **232.** Qu'appelle-t-on fractions périodiques ? — **233.** Qu'appelle-t-on fractions périodiques simples ? — **234.** Qu'appelle-t-on fractions périodiques mixtes ? — **235.** Comment reconnaît-on qu'une fraction ordinaire est exactement réductible en fraction décimale ?

## 4ᵉ LEÇON.

### Conversion des Fractions décimales en Fractions ordinaires.

**236.** — Pour convertir une fraction décimale en fraction ordinaire, il faut supprimer la virgule de la fraction décimale, et donner au nombre obtenu, pour dénominateur, l'unité suivie d'autant de zéros qu'il y avait de chiffres décimaux dans la fraction.

La fraction décimale 0,75 revient à $\dfrac{75}{100}$ sous forme de fraction ordinaire.

En effet, en supprimant la virgule de la fraction décimale 0,75, on rend cette fraction 100 fois plus grande, pour la ramener à sa juste valeur, il faut la diviser par 100, c'est-à-dire lui donner pour dénominateur l'unité suivie de deux zéros.

**237.** — Pour convertir une fraction périodique simple en fraction ordinaire, il faut prendre pour numérateur la période, et pour dénominateur un nombre formé d'autant de 9 qu'il y a de chiffres dans la période.

Ainsi, la fraction périodique simple 0,727272.... revient à $\dfrac{72}{99}$ sous forme de fraction ordinaire.

En effet, je suppose, pour un instant, que $x$ représente la fraction ordinaire qui a donné naissance à la fraction périodique 0,727272.....

J'ai alors $x = 0,727272$ ............ (1)

Je multiplie les deux membres de cette égalité par 100,

J'ai : $100\ x = 72,727272\ldots\ldots\ldots\ldots$ (2).

En soustrayant la première égalité de la seconde, il vient :

$$100\ x = 72,727272\ldots\ldots\ldots\ldots\ (2)$$
$$x = 0,727272\ldots\ldots\ldots\ldots\ (1)$$
$$99\ x = 72$$

D'où $x = \frac{72}{99}$ ; donc, etc...

Cette fraction, réduite à sa plus simple expression, revient à $\frac{8}{11}$.

238. — Pour convertir une fraction décimale périodique mixte en fraction ordinaire, il faut prendre, pour numérateur de cette fraction, la différence des deux nombres entiers qu'on obtient en portant la virgule successivement à droite et à gauche de la première période, et, pour dénominateur, un nombre de 9 égal aux chiffres de la période, suivis d'autant de zéros qu'il y a de chiffres irréguliers.

Ainsi, la fraction périodique mixte $0,583333\ldots\ldots$ revient à $\frac{525}{900}$ sous forme de fraction ordinaire.

En effet, je suppose que $x$ représente la fraction ordinaire qui a donné naissance à la fraction périodique mixte $0,583333\ldots\ldots$

J'ai alors $x = 0,583333\ldots\ldots\ldots$

Je multiplie les deux membres de cette égalité 1° par 1000, 2° par 100, et je soustrais, membre à membre, le 2° produit du premier.

J'ai :
$$1°\quad 1000\ x = 583,3333\ldots\ldots\ldots$$
$$2°\quad 100\ x = 58,3333\ldots\ldots\ldots$$
$$900\ x = 525\ldots\ldots$$

D'où $x = \frac{525}{900}$ ; donc, etc.

Cette fraction, réduite à sa plus simple expression, revient à $\frac{7}{12}$.

## Questionnaire.

**236.** Comment convertit-on une fraction décimale en fraction ordinaire ? — **237.** Comment convertit-on une fraction périodique simple en fraction ordinaire ? — **238.** Comment convertit-on une fraction périodique mixte en fraction ordinaire ?

---

## 5ᵉ LEÇON.

### Addition des Fractions.

**239.** — On distingue deux cas dans l'addition des fractions : le premier cas se présente quand les fractions à additionner ont le même dénominateur ; le 2ᵉ cas se présente quand les fractions ont des dénominateurs différents.

**240.** — Pour additionner des fractions qui ont le même dénominateur, il faut faire la somme des numérateurs, et donner au résultat pour dénominateur, le dénominateur commun.

Ainsi la somme des fractions $\frac{5}{8}$, $\frac{3}{8}$ et $\frac{7}{8}$, est :

$$\frac{5}{8} + \frac{3}{8} + \frac{7}{8} = \frac{15}{8}$$

En effet, le dénominateur d'une fraction indique en combien de parties égales l'unité est divisée, et le numérateur, le nombre des parties que contient chaque fraction ; or, d'après la définition de l'addition, pour calculer une fraction qui contienne à elle seule toutes les parties que renferment les fractions données, il faut faire la somme du nombre de ces parties ; c'est-à-dire la somme des numérateurs.

**241.** — Pour additionner des fractions qui ont des dénominateurs différents, il faut réduire ces fractions au même dénominateur, puis opérer comme il vient d'être dit.

Quelle est la somme des fractions $\frac{5}{6}$, $\frac{3}{4}$, $\frac{7}{8}$ et $\frac{11}{12}$ ?

Cette somme est égale à $\frac{5}{6} + \frac{3}{4} + \frac{7}{8} + \frac{11}{12}$

ou, en réduisant au même dénominateur, à . . . $\frac{20}{24} + \frac{18}{24} + \frac{21}{24} + \frac{22}{24} = \frac{81}{24}$ ou à 3 unités $\frac{3}{8}$

242. — Pour additionner des nombres fractionnaires, il faut d'abord faire la somme des fractions, puis celle des unités, en tenant compte du nombre des unités fournies par la somme des fractions.

La somme des nombres fractionnaires $7 + \frac{5}{6}$, $3 + \frac{2}{3}$ et $8 + \frac{3}{4}$

$$
\begin{array}{ll}
7 & + \dfrac{10}{12} \\[2mm]
3 & + \dfrac{8}{12} \\[2mm]
8 & + \dfrac{9}{12} \\[2mm]
\hline
\text{est de . . .}\quad 20\ \text{unités} & + \dfrac{1}{4}
\end{array}
$$

243. — Pour faire la somme des nombres décimaux, il faut placer les nombres proposés les uns sous les autres, de manière que les unités de même ordre et les virgules se correspondent dans une même colonne verticale, puis effectuer l'addition sans avoir égard aux virgules ; mais séparer sur la droite du résultat autant de chiffres décimaux qu'il y en a dans celui des nombres qui en contient le plus. (91)

En effet, soient les trois nombres décimaux 2,25 ; 0,7 et 0,008 qu'on se propose d'additionner. Pour y parvenir, je dispose ces 3 nombres comme il vient d'être dit, puis je place un 0 à la droite du premier nombre et 2 zéros à la droite du 2ᵉ. Ensuite, j'observe que ces nombres, mis sous la forme de fractions ordinaires, reviennent respectivement à $\frac{2250}{1000}$, $\frac{700}{1000}$ et $\frac{8}{1000}$. Pour faire la somme de ces fractions, qui ont le même dénominateur, il faut additionner les numérateurs, c'est-à-dire les nombres proposés considérés sans virgule ; puis diviser cette somme par le dénominateur commun 1000 ; ce qui revient à séparer 3 chiffres décimaux sur la droite de cette somme ; c'est-à-dire, autant qu'il y en a dans celui des nombres décimaux qui en contient le plus. Donc, etc.

$$
\begin{array}{l}
2,250 \\
0,700 \\
0,008 \\
\hline
2,958
\end{array}
$$

## Questionnaire.

239. Combien distingue-t-on de cas dans l'addition des fractions ? — 240. Comment additionne-t-on des fractions qui ont le même dénominateur ? — 241. Comment additionne-t-on des fractions qui ont des dénominateurs différents ! — 242. Comment additionne-t-on des nombres fractionnaires ?

# CALCUL ÉLÉMENTAIRE.

## Exercices pour les Commençants.

1. On a donné à Paul le $\frac{1}{5}$ d'une pomme, et ensuite le $\frac{1}{5}$ : combien a-t-il eu en tout ?

2. On a acheté, pour faire un gilet à Louis, $\frac{1}{3}$ de mètre d'étoffe, et ensuite $\frac{1}{4}$ de mètre : combien en a-t-on en tout ?

3. Léon a fait un jour le $\frac{1}{4}$ de son ouvrage, et le lendemain $\frac{1}{7}$ : combien a-t-il fait en tout ?

4. Si un élève a fait le premier jour le $\frac{1}{3}$ de ses devoirs, le second jour le $\frac{1}{4}$, le troisième jour $\frac{1}{6}$ : combien a-t-il fait en tout ?

5. Deux fontaines coulent dans un bassin, la première le remplit en 6 heures, et la seconde en 8 heures : quelle portion du bassin rempliront-elles en 1 heure, si on les laisse couler ensemble ?

6. Une personne achète 4 mètres $\frac{3}{5}$ de drap, puis 2 mètres $\frac{5}{6}$ : combien a-t-elle acheté de mètres de drap en tout ?

7. Un marchand a vendu une pièce d'étoffe à 3 personnes : la première en a pris 7 mètres $\frac{3}{4}$ ; la seconde, 3 mètres $\frac{5}{6}$ ; la troisième, 6 mètres $\frac{11}{12}$ ; quelle était la longueur de cette pièce d'étoffe ?

8. En ôtant sur une pièce de toile 19 mètres $\frac{1}{5}$, il est resté 24 mètres $\frac{2}{3}$ : quelle était la longueur de cette pièce de toile ?

9. Trois élèves ont travaillé à dessiner une carte géographique ; le premier y a travaillé pendant 2 jours $\frac{1}{2}$ ; le second, pendant 3 jours $\frac{1}{4}$, et le troisième pendant 4 jours $\frac{2}{3}$ ; la carte alors est achevée : combien a-t-il fallu de temps pour la faire ?

10. De quel nombre faut-il ôter 75 $\frac{3}{8}$, pour que le reste soit 81 $\frac{6}{7}$ ?

---

## 6<sup>e</sup> LEÇON.

### Soustraction des Fractions.

244. — On distingue deux cas dans la soustraction des fractions : le premier cas se présente quand les fractions ont le même dénominateur ; le 2<sup>e</sup> cas se présente quand elles ont des dénominateurs différents.

245. — Pour soustraire l'une de l'autre deux fractions qui ont le même dénominateur, il faut ôter le numérateur de la plus petite fraction du numérateur de la plus grande, et donner au résultat, pour dénominateur, le dénominateur commun.

Ainsi, la différence des deux fractions $\frac{7}{9}$ et $\frac{4}{9}$

est. . . . . $\frac{7}{9} - \frac{4}{9} = \frac{3}{9}$ ou $\frac{1}{3}$

En effet, le dénominateur d'une fraction indique en combien de parties égales l'unité est divisée, et le numérateur, combien chaque fraction contient de ces parties. Or, pour connaître de combien de parties la plus grande fraction surpasse la plus petite, il faut ôter du nombre des parties de la plus grande fraction, le nombre des parties de la plus petite ; c'est-à-dire, faire la différence des numérateurs.

246. — Pour soustraire l'une de l'autre deux fractions qui ont des dénominateurs différents, il faut les réduire au même dénominateur, puis opérer comme il vient d'être dit.

De combien la fraction $\frac{7}{8}$ est-elle plus grande que la fraction $\frac{3}{4}$ ?

Pour connaître de combien la fraction $\frac{7}{8}$ est plus grande que la fraction $\frac{3}{4}$, je fais la différence de ces deux fractions, et je trouve que $\frac{7}{8}$ surpasse $\frac{3}{4}$ de $\frac{1}{8}$.

En effet . . . . . . $\frac{7}{8} - \frac{3}{4} = \frac{7}{8} - \frac{6}{8} = \frac{1}{8}$

247. — Pour soustraire l'un de l'autre deux nombres fractionnaires, il faut d'abord réduire les deux fractions au même dénominateur, puis ôter la fraction de la fraction et les unités des unités.

Soit à retrancher de $8\frac{3}{4}$ le nombre $6\frac{5}{6}$.

Je réduis d'abord les fractions au même dénominateur, j'ai :

$$8 + \frac{9}{12}$$
$$6 + \frac{10}{12}$$
$$\overline{1 + \frac{11}{12}}$$

J'observe que je ne puis soustraire $\frac{10}{12}$ de $\frac{9}{12}$ ; j'ajoute à cette dernière fraction une unité ou $\frac{12}{12}$, ce qui donne $\frac{21}{12}$ ; de $\frac{21}{12}$ ôtez $\frac{10}{12}$, il reste $\frac{11}{12}$. Pour que la différence ne change pas, j'ajoute ensuite une unité au nombre 6 ; de 8 ôtez 7, il reste 1.

**248.** — Pour faire la soustraction des nombres décimaux, il faut placer le plus petit nombre sous le plus grand, de manière que les unités de même ordre et les vigules se correspondent dans une même colonne verticale, puis effectuer la soustraction sans avoir égard aux virgules, mais séparer sur la droite du résultat autant de chiffres décimaux qu'il y en a dans celui des nombres qui en contient le plus (93).

En effet, soit à soustraire de 25,12, le nombre décimal 15,18 ; ces deux nombres peuvent se mettre sous cette forme

$$\frac{2512}{100} \quad \text{et} \quad \frac{1518}{100}$$

Or, pour soustraire deux fractions l'une de l'autre, il faut ôter le numérateur de la plus petite fraction du numérateur de la plus grande ; mais ces deux numérateurs ne sont autre chose que les nombres proposés considérés sans virgule ; on doit donc premièrement soustraire le plus petit nombre du plus grand, ce qui donne 994. Ensuite, donner au résultat, pour dénominateur, le dénominateur commun 100, ce qui revient évidemment à séparer deux chiffres décimaux sur la droite de ce résultat ; c'est-à-dire, autant qu'il y en a dans celui des nombres qui en contient le plus.

$$
\begin{array}{r}
25,\ 12 \\
15,\ 18 \\
\hline
9,\ 94
\end{array}
$$

## Questionnaire.

**244.** Combien distingue-t-on de cas dans la soustraction des fractions ? — **245.** Comment soustrait-on l'une de l'autre deux fractions qui ont le même dénominateur ? — **246.** Comment fait-on la différence de deux fractions qui ont des dénominateurs différents ? — **247.** Comment fait-on la soustraction de deux nombres fractionnaires ?

# CALCUL ÉLÉMENTAIRE.

## Exercices pour les Commençants.

**1.** Quelle est la plus grande des deux fractions $\frac{7}{9}$ et $\frac{4}{7}$, et de combien l'une est-elle plus grande que l'autre?

**2.** Dans une pièce d'étoffe de 8 mètres, on a pris les $\frac{7}{8}$ d'un mètre pour faire un gilet; combien reste-t-il de mètres dans cette pièce?

**3.** Paul avait une belle orange, il en donne les $\frac{3}{5}$ à son voisin : combien en a-t-il conservé?

**4.** Alfred devait acheter les $\frac{3}{4}$ d'une rame de papier, il n'en a acheté que les $\frac{2}{3}$; la différence est-elle grande?

**5.** On partage 28 en deux parties dont l'une est $17\,\frac{4}{5}$; quelle est l'autre?

**6.** La somme de deux nombres est 15, le plus petit est $6\,\frac{7}{9}$; quel est le plus grand?

**7.** Que faut-il ajouter à $3\,\frac{6}{7}$ pour avoir $5\,\frac{3}{4}$?

**8.** La hauteur d'une rivière était de 4 mètres $\frac{3}{7}$, elle est aujourd'hui de 3 mètres $\frac{2}{5}$ : de combien a-t-elle baissé?

**9.** Une caisse pleine pèse 25 kilogrammes $\frac{5}{6}$, le poids de la marchandise contenue dans cette caisse est de 20 kilogrammes $\frac{9}{10}$ : on demande le poids de la caisse?

**10.** Un flacon vide pèse 2 kilogrammes $\frac{3}{5}$; rempli d'eau, il pèse 7 kilogrammes $\frac{2}{8}$ : quel est le poids de l'eau contenue dans ce flacon?

---

## 7ᵉ· LEÇON.

### Multiplication des Fractions.

**249.** — On distingue trois cas dans la multiplication des fractions : le premier cas se présente quand on a à multiplier une fraction par un nombre entier; le 2ᵉ cas se présente quand on a à multiplier un nombre entier par une fraction, et le 3ᵉ cas se présente quand on a à multiplier deux fractions l'une par l'autre?

**250.** — Pour multiplier une fraction par un nombre entier, il faut multiplier le numérateur de la fraction par le nombre entier, et donner au produit pour dénominateur, le dénominateur de la fraction.

Soit à multiplier $\frac{5}{7}$ par 4.

Effectuer cette opération, c'est, d'après la définition de la multiplication, chercher un 3e nombre appelé produit qui contienne le multiplicande $\frac{5}{7}$ autant de fois que le multiplicateur 4 contient l'unité. Or, 4 contient 4 fois l'unité, le produit contiendra donc 4 fois le multiplicande, ou sera 4 fois plus grand que le multiplicande ; pour rendre $\frac{5}{7}$ 4 fois plus grand, il faut multiplier son numérateur par 4, ce qui donne $\frac{20}{7}$ pour produit demandé.

251.—Pour multiplier un nombre entier par une fraction, il faut multiplier le nombre entier par le numérateur de la fraction, et donner au produit pour dénominateur, le dénominateur de la fraction.

Soit à multiplier 7 par $\frac{4}{5}$.

Effectuer cette opération, c'est, d'après la définition de la multiplication, chercher un 3e nombre appelé produit, qui contienne le multiplicande 7 autant de fois que le multiplicateur $\frac{4}{5}$ contient l'unité, ou de parties de l'unité. Or, $\frac{4}{5}$ ne contient que 4 fois le 5e de l'unité, le produit ne contiendra donc que 4 fois le 5e du multiplicande 7 ; le 5e de 7 est un nombre 5 fois plus petit que 7 ou $\frac{7}{5}$, et 4 fois le 5e de 7 est un nombre 4 fois plus grand que $\frac{7}{5}$ ou

$$\frac{7}{5} \times 4 = \frac{28}{5} \text{ produit demandé.}$$

252. — Pour multiplier deux fractions l'une par l'autre, il faut multiplier le numérateur de la première fraction par le numérateur de la seconde, et diviser ce produit par celui des dénominateurs.

Soit à multiplier $\frac{2}{3}$ par $\frac{4}{5}$.

Effectuer cette opération, c'est, d'après la définition de la multiplication, chercher un 3e nombre appelé produit, qui

contienne le multiplicande $\frac{7}{8}$ autant de fois que le multiplicateur $\frac{4}{5}$ contient l'unité, ou de parties de l'unité. Or, $\frac{4}{5}$ ne
contient que 4 fois le 5ᵉ de l'unité, le produit ne contiendra
donc que 4 fois le 5ᵉ du multiplicande $\frac{7}{8}$; le 5ᵉ de $\frac{7}{8}$ est un
nombre 5 fois plus petit que $\frac{7}{8}$ ou $\frac{7}{8 \times 5}$, et 4 fois le 5ᵉ de $\frac{7}{8}$
est un nombre 4 fois plus grand que $\frac{7}{8 \times 5}$ ou

$$\frac{7 \times 4}{8 \times 5} = \frac{28}{40} \text{ produit demandé.}$$

253. — Pour faire le produit de deux nombres fractionnaires, il faut mettre préalablement les nombres fractionnaires sous forme de fractions, puis opérer comme il vient
d'être dit. Ainsi :

$$\left(8 + \frac{3}{4}\right) \times \frac{5}{6} = \frac{35}{4} \times \frac{5}{6} = \frac{175}{24} = 7 + \frac{7}{24}$$

254. — Quand on multiplie deux fractions l'une par
l'autre, le produit qu'on obtient est toujours plus petit que
chacun de ses facteurs.

1° Le produit est plus petit que le multiplicande.

En effet, (252) si l'on avait eu $\frac{7}{8}$ à multiplier par l'unité,
le produit eût été $\frac{7}{8}$ ; en multipliant $\frac{7}{8}$ par $\frac{4}{5}$, nombre plus
petit que l'unité, le produit doit être plus petit que $\frac{7}{8}$ ;
donc 1° etc.

2° Le produit est plus petit que le multiplicateur.

En effet, en ne considérant d'abord que les numérateurs
de l'expression $\frac{7 \times 4}{8 \times 5}$, on peut écrire $7 \times 4 = 4 \times 7$ (63) :
mais l'expression du produit des dénominateurs peut aussi
s'écrire : $8 \times 5 = 5 \times 8$ ; en divisant membre à membre
la première égalité par la seconde, on a :

$$\frac{7 \times 4}{8 \times 5} = \frac{4 \times 7}{5 \times 8} \text{ ou } \frac{7}{8} \times \frac{4}{5} = \frac{4}{5} \times \frac{7}{8};$$

c'est-à-dire que le produit de deux fractions ne change pas,
si l'on intervertit l'ordre de ces fractions. Or, le produit

est plus petit que le multiplicande, il est donc aussi plus petit que le multiplicateur; donc 2° etc.

255. — On appelle *fractions de fractions* une suite de fractions qui dépendent les unes des autres, comme les $\frac{2}{3}$ des $\frac{3}{4}$ de $\frac{7}{8}$.

256. — Pour prendre des fractions de fractions, il faut multiplier tous les numérateurs entr'eux, et faire aussi le produit de tous les dénominateurs, puis donner le second produit pour dénominateur au premier.

$$\text{Ainsi, les } \frac{3}{4} \text{ des } \frac{7}{8} \text{ de } \frac{5}{4} = \frac{4 \times 7 \times 3}{5 \times 8 \times 4} = \frac{84}{160} = \frac{21}{40}$$

En effet, prendre les $\frac{7}{8}$ de $\frac{4}{5}$, c'est multiplier $\frac{4}{5}$ par $\frac{7}{8}$ (252), ce qui donne :

$$\frac{4 \times 7}{5 \times 8}$$

ensuite, prendre les $\frac{3}{4}$ de l'expression des $\frac{7}{8}$ de $\frac{4}{5}$, c'est multiplier cette expression par $\frac{3}{4}$, ce qui donne

$$\frac{4 \times 7 \times 3}{5 \times 8 \times 4} = \frac{21}{40}$$

257. — Pour faire le produit de deux nombres décimaux, il faut multiplier ces deux nombres considérés sans virgule ; mais séparer sur la droite du produit autant de chiffres décimaux qu'il y en a dans les deux facteurs (96).

En effet, soit à multiplier 4,05 par 0,8 ; ces deux nombres peuvent se mettre sous cette forme :

$$\frac{405}{100} \quad \text{et} \quad \frac{8}{10}$$

Or, pour multiplier deux fractions l'une par l'autre, il faut faire le produit des numérateurs et le diviser par celui des dénominateurs ; mais les deux numérateurs ne sont autre chose que les nombres proposés, considérés sans virgule, on doit donc : 1° multiplier ces deux nombres l'un par l'autre, ce qui donne 3240 ; mais il faut diviser ce produit par celui des dénominateurs qui est 1000, ce qui revient évidemment à séparer 3 chiffres décimaux sur la droite de ce produit ; c'est-à-dire autant qu'il y en a dans les 2 facteurs, ce qui donne 3,240.

### Questionnaire.

249. Combien distingue-t-on de cas dans la multiplication des frac-

tions ? — 250. Comment multiplie-t-on une fraction par un nombre entier ? — 251. Comment multiplie-t-on un nombre entier par une fraction ? — 252. Comment multiplie-t-on deux fractions l'une par l'autre ? — 253. Comment fait-on le produit de deux nombres fractionnaires ? — 254. Quand on fait le produit de deux fractions, le produit est-il plus grand ou plus petit que chacun de ses facteurs ? — 255. Qu'appelle-t-on fractions de fractions ? — 256. Comment prend-on des fractions de fractions ?

# CALCUL ÉLÉMENTAIRE.

## Exercices pour les Commençants.

**1.** Quels sont les $\frac{3}{4}$ de 8 ; les $\frac{4}{5}$ de 30 ; les $\frac{6}{7}$ de 42 ; les $\frac{3}{11}$ de 77 ; les $\frac{8}{15}$ de 60 ?

**2.** Quelle est la moitié d'un quart, le tiers d'un cinquième, le quart d'un neuvième, le cinquième d'un demi, le onzième d'un quart ?

**3.** Quels sont les $\frac{3}{4}$ de $\frac{7}{8}$ ; les $\frac{5}{6}$ de $\frac{8}{11}$ ; les $\frac{3}{7}$ de $\frac{11}{15}$ ; les $\frac{9}{10}$ de $\frac{17}{21}$ ; les $\frac{5}{7}$ de $\frac{39}{40}$ ?

**4.** Quels sont les $\frac{3}{7}$ de 21 francs ; les $\frac{4}{5}$ de 20 centimes ; les $\frac{9}{10}$ de 20 centimes ; les $\frac{3}{4}$ de 1 franc ?

**5.** Louis a gagné les $\frac{5}{6}$ de 42 francs ; quelle somme a-t-il gagnée ?

**6.** Quel est le nombre 8 fois plus grand que $\frac{5}{6}$ ; 7 fois plus grand que $\frac{4}{3}$ ; 12 fois plus grand que $\frac{11}{12}$ ?

**7.** Un bassin qui contient 5 hectolitres $\frac{1}{2}$ peut être rempli par une fontaine en un jour ; si cette fontaine ne coule que pendant les $\frac{3}{4}$ du jour, combien donnera-t-elle d'hectolitres d'eau ?

**8.** Un élève peut, dans sa journée, copier 17 pages $\frac{2}{3}$, mais il ne s'occupe que pendant les $\frac{5}{6}$ de la journée ; combien peut-il copier de pages pendant ce temps ?

**9.** Je désirerais connaître quelle somme a eue un enfant à qui l'on a donné les $\frac{3}{4}$ des $\frac{5}{6}$ de 4 francs ?

**10.** Quels sont les $\frac{4}{5}$ de 30 francs joints aux $\frac{5}{6}$ de la même somme ?

## 8ᵉ LEÇON.

### Division des Fractions.

**258.** — On distingue 3 cas dans la division des fractions : le premier cas se présente quand on a à diviser une fraction par un nombre entier ; le 2ᵉ cas se présente quand on a à diviser un nombre entier par une fraction, et le 3ᵉ cas se présente quand on a à diviser deux fractions l'une par l'autre.

**259.** — Pour diviser une fraction par un nombre entier, il faut, sans toucher au numérateur, multiplier le dénominateur de cette fraction par le nombre entier ; ou bien, diviser le numérateur par le nombre entier, sans toucher au dénominateur (si toutefois la division peut se faire exactement).

Soit à diviser $\frac{5}{6}$ par 3.

Effectuer cette opération, c'est, d'après la définition de la division, chercher un 3ᵉ nombre, appelé quotient, qui, multiplié par le diviseur, reproduise le dividende $\frac{5}{6}$. Or, $\frac{5}{6}$ se compose de 3 fois le quotient ; ce quotient est donc 3 fois plus petit que $\frac{5}{6}$ ou le $\frac{1}{3}$ de $\frac{5}{6}$ , ce qui donne

$$\frac{5}{6} \times 3 = \frac{5}{18} \text{ pour le quotient.}$$

**260.** — Pour diviser un nombre entier par une fraction, il faut multiplier le nombre entier par la fraction diviseur renversée.

Soit à diviser 7 par $\frac{3}{4}$,

Effectuer cette opération, c'est, d'après la définition de la division, chercher un 3ᵉ nombre, appelé quotient, qui, multiplié par le diviseur $\frac{3}{4}$ reproduise le dividende 7. Or, 7 se compose de 3 fois le quart du quotient ; ce quotient est donc égal à 4 fois le tiers du dividende 7 [1] ; le tiers de 7, c'est $\frac{7}{3}$, et 4 fois ce tiers, c'est

$$\frac{7}{3} \times 4 = \frac{28}{3} \text{ ou } 9\frac{1}{3} \text{ quotient cherché.}$$

---

(1) En effet, puisque le quotient multiplié par le diviseur doit reproduire le dividende, on peut écrire 3 fois le quart du quotient (je repré-

261. — Pour diviser une fraction par une fraction, il faut multiplier la fraction dividende par la fraction diviseur renversée.

Soit à diviser $\frac{5}{6}$ par $\frac{7}{8}$.

Effectuer cette opération, c'est, d'après la définition de la division, chercher un 3e nombre, appelé quotient, qui, multiplié par le diviseur $\frac{7}{8}$, reproduise le dividende $\frac{5}{6}$. Or, $\frac{5}{6}$ se compose de 7 fois le 8e du quotient; ce quotient est donc égal à 8 fois le 7e du dividende $\frac{5}{6}$; le 7e de $\frac{5}{6}$, c'est $\frac{5}{6 \times 7}$, et 8 fois ce 7e, c'est

$$\frac{5 \times 8}{6 \times 7} = \frac{40}{42} \text{ ou } \frac{20}{21}, \text{ quotient cherché.}$$

262. — Pour diviser deux nombres fractionnaires l'un par l'autre, il faut mettre préalablement ces nombres fractionnaires sous forme de fractions, puis opérer comme il vient d'être dit. Ainsi,

$$\left(5+\frac{3}{4}\right) : \left(3+\frac{4}{5}\right) = \frac{23}{4} : \frac{19}{5} = \frac{23}{4} \times \frac{5}{19} = \frac{115}{76} \text{ ou } 1+\frac{39}{76}$$

263. — Le quotient de la division d'une fraction par une fraction est toujours plus grand que le dividende.

En effet (261), si l'on avait eu à diviser $\frac{5}{6}$ par l'unité, le quotient eût été $\frac{5}{6}$; or, on a divisé $\frac{5}{6}$ par $\frac{7}{8}$, nombre plus petit que l'unité, le quotient est donc plus grand que $\frac{5}{6}$; donc, etc.

264. — Pour faire la division des nombres décimaux, il faut supprimer la virgule au diviseur, et la transporter d'autant de rangs vers la droite dans le dividende, qu'il y avait de chiffres décimaux au diviseur; puis effectuer la division comme celle des nombres entiers, abstraction faite de toute virgule; mais séparer sur la droite du quotient autant de chiffres décimaux qu'il en reste au dividende. (99).

---

sente le quotient par q) égale le dividende 7; $\frac{3q}{4} = 7$. En divisant les deux membres de cette égalité par 3, on a : $\frac{q}{4} = \frac{7}{3}$, égalité qui se traduit ainsi : q divisé par 4, ou le quart du quotient égale le dividende 7 divisé par 3, ou le tiers du dividende. c. q. f. d.

5

En effet, diviser 0,795 par 0,15 revient à diviser $\frac{795}{1000}$ par $\frac{15}{100}$; or, pour diviser une fraction par une fraction, il faut multiplier la fraction dividende par la fraction diviseur renversée :

$$\frac{795}{1000} : \frac{15}{100} = \frac{795}{1000} \times \frac{100}{15}, \text{ ou, en simplifiant, } \frac{795}{10 \times 15}$$

Diviser 795 par $10 \times 15$ revient à diviser 795 par 15, puis le quotient obtenu par 10; or, diviser 795 par 15 c'est faire la division des deux nombres décimaux considérés sans virgule ; puis diviser le quotient obtenu par 10, revient à séparer un chiffre décimal sur la droite du quotient ; c'est-à-dire autant qu'il en reste au dividende après avoir préparé les deux nombres comme il est dit dans la régle générale.

## Questionnaire.

258. Combien distingue-t-on de cas dans la division des fractions? — 259. Comment divise-t-on une fraction par un nombre entier? — 260. Comment divise-t-on un nombre entier par une fraction ? — 261. Comment divise-t-on une fraction par une fraction? — 262. Comment divise-t-on deux nombres fractionnaires l'un par l'autre? —263. Le quotient de la division d'une fraction par une fraction est-il plus grand ou plus petit que le dividende?

# CALCUL ÉLÉMENTAIRE.

## Exercices pour les Commençants.

1. Quel est le quotient de $\frac{3}{7}$ divisés par 4 ; de $\frac{8}{15}$ divisés par 4 ; de $\frac{7}{9}$ divisés par 12 ; de $\frac{11}{4}$ divisés par 6 ?

2. Quel est le quotient de 3 divisé par $\frac{3}{4}$ ; de 6 divisé par $\frac{7}{9}$ ; de 18 divisé par $\frac{7}{8}$ ; de 11 divisé par $\frac{3}{7}$ ?

3. Quels sont les quotients des divisions des fractions suivantes :
$\frac{7}{8} : \frac{3}{5}$ ; $\frac{5}{8} : \frac{4}{7}$ ; $\frac{3}{8} : \frac{9}{10}$ ; $\frac{11}{12} : \frac{8}{9}$ ; $6\frac{3}{4} : 5\frac{2}{7}$ ; $12\frac{1}{2} : 6\frac{3}{5}$ ; $8\frac{7}{9} : 12\frac{1}{3}$ ; $126\frac{1}{4} : 75\frac{1}{8}$ ?

4. Quel est le nombre dont les $\frac{3}{4}$ sont 12? dont les $\frac{4}{5}$ sont 24? dont les $\frac{7}{9}$ sont 105?

5. Quel est le nombre qui, multiplié par $3\frac{4}{7}$, donne 25 pour produit?

6. Par quel nombre faut-il multiplier $\frac{5}{6}$ pour obtenir $6\frac{2}{3}$ ?

7. On a payé 36 francs pour les $\frac{2}{3}$ d'un ouvrage ; combien donne-ra-t-on pour l'ouvrage entier ?

8. En 5 heures $\frac{3}{4}$ on fait 46 mètres d'ouvrage ; combien en fait-on dans une heure ?

9. En 3 heures $\frac{1}{2}$ on fait le $\frac{1}{4}$ de son ouvrage ; quel temps faut-il pour faire tout son ouvrage ?

10. Les $\frac{2}{3}$ des $\frac{4}{5}$ d'une somme sont $13\frac{1}{3}$ ; quelle est cette somme ?

# QUATRIÈME LIVRE.

### PROBLÈMES DIVERS.

**Définitions préliminaires, méthode dite de réduction à l'unité — Problèmes sur les 4 Opérations des nombres entiers et des nombres décimaux — Sur les Fractions ordinaires, sur les Règles de trois simples et sur les Règles de trois composées — Sur la Règle d'intérêt — Sur les Fonds publics — Sur la Règle d'escompte et sur les Règles de société — Sur la Règle de mélange ou d'alliage, et de quelques Problèmes qui ne peuvent se résoudre que par le secours du raisonnement.**

## PREMIÈRE LEÇON.

### Définitions préliminaires, Méthode dite de réduction à l'unité.

265. — On appelle problèmes toutes les questions qu'on peut avoir à résoudre sur les nombres.

266. — Résoudre ou analyser un problème, c'est, en réfléchissant sur son énoncé, tâcher de découvrir dans les relations établies entre les nombres qui en font partie, la suite des opérations à effectuer sur les nombres connus pour en tirer les valeurs des nombres inconnus.

267. — On ne peut établir des règles fixes et certaines que pour la résolution d'une certaine classe de problèmes : ce sont ceux qui dépendent de la théorie des rapports et des proportions ; telles sont les règles de trois, simples ou composées, les règles d'intérêt, d'escompte, de société, etc.

268. — On peut encore résoudre ces problèmes par la méthode dite de réduction à l'unité.

269. — Les problèmes qui ne dépendent pas de la théorie des rapports et des proportions, ne peuvent être résolus que par le secours du raisonnement ; l'algèbre seule fournit des méthodes sûres et directes de résolution.

270. — On entend par méthode de réduction à l'unité, une règle au moyen de laquelle on parvient à résoudre certains problèmes sans le secours des proportions.

271. — Cette règle est appelée méthode de réduction à l'unité, parce que dans son emploi, tous les raisonnements tendent à faire connaître la valeur d'une unité d'une certaine espèce, pour déterminer ensuite la valeur des unités de cette espèce.

272. — Les problèmes qu'on peut effectuer par la méthode dite de réduction à l'unité, renferment deux sortes de quantités : les quantités homogènes, c'est-à-dire de même espèce, et les quantités correspondantes.

273. — On appelle quantités correspondantes celles qui sont liées entre elles par certains rapports, qu'on nomme ordinairement rapports d'équivalence, de causalité, de simultanéité.

274. — On appelle rapport d'équivalence le rapport qui existe entre une chose et son prix ; ainsi, dans cet exemple, 12 *mètres de drap coûtent* 48 *francs, quel est le prix de* 18 *mètres du même drap ?* le rapport d'équivalence est celui de 12 mètres de drap qui équivalent à 48 fr. ; 18 mètres et $x$ francs sont aussi dans un rapport d'équivalence ; les quantités correspondantes sont donc 12$^m$ et 48$^f$ et 18$^m$ et $x$.

275. — On appelle rapport de causalité, le rapport qui existe entre une cause et son effet ; ainsi, dans cet exemple, 15 *ouvriers ont fait* 75 *mètres d'ouvrage : combien* 22 *ouvriers feront-ils de mètres du même ouvrage ?* Le rapport de causalité est celui qui existe entre 15 ouvriers et 75 mètres d'ouvrage ; en effet, ce sont les 15 ouvriers qui sont la cause que les 75 mètres ont été exécutés ; 22 ouvriers et $x$ mètres sont aussi dans un rapport de causalité ; les quantités correspondantes sont donc 15 ouvriers et 75$^m$ ; 22 ouvriers et $x$ mètres.

276. — On appelle rapport de simultanéité, le rapport qui existe entre deux quantités qui concourent à produire un même effet. Ainsi, dans cet exemple, *25 ouvriers en 8 jours ont fait 200 mètres d'ouvrage ; combien 15 ouvriers en 12 jours feront-ils de mètres du même ouvrage ?* le rapport de simultanéité existe entre 25 ouvriers et 8 jours ; en effet, ces deux quantités concourent à produire un même effet, qui est 200 mètres d'ouvrage ; 15 ouvriers et 12 jours sont aussi dans un rapport de simultanéité ; les quantités correspondantes sont donc 25 ouvriers 8 jours et 200 mètres ; 15 ouvriers 12 jours et $x$ mètres.

277. — Pour procéder avec plus d'ordre dans la solution des problèmes par la méthode dite de réduction à l'unité, il faut écrire sur une ligne horizontale les quantités correspondantes dont l'inconnue ne fait pas partie, en ayant soin de placer la dernière, la quantité de même espèce que l'inconnue ; ensuite, écrire sur une seconde ligne horizontale, au-dessous de la première, les quantités correspondantes dont l'inconnue fait partie, et de manière que les quantités de même espèce se correspondent verticalement.

### Questionnaire.

265. Qu'appelle-t-on problème ? — 266. Qu'est-ce que résoudre ou analyser un problème ? — 267. Peut-on établir des règles fixes et certaines pour résoudre tous les problèmes d'arithmétique ? — 268. Peut-on résoudre ces problèmes, sans le secours des proportions ? — 269. Comment peut-on résoudre les problèmes qui ne dépendent pas de la théorie des proportions ? — 270. Qu'entend-on par méthode dite de réduction à l'unité ? — 271. — Pourquoi cette méthode est-elle appelée méthode dite de réduction à l'unité ? — 272. Combien les problèmes, qu'on peut effectuer par la méthode dite de réduction à l'unité, renferment-ils de sortes de quantités ? — 273. Qu'appelle-t-on quantités correspondantes ? — 274. Qu'appelle-t-on rapport d'équivalence ? — 275. Qu'appelle-t-on rapport de causalité ? — 276. — Qu'appelle-t-on rapport de simultanéité ? — 277. Comment doit-on procéder dans la solution des problèmes par la méthode dite de réduction à l'unité ?

---

## 2ᵉ LEÇON.

### Problèmes sur les quatre opérations des nombres entiers et des nombres décimaux.

278. — Un marchand avait en magasin 56 kilogrammes

de café, évalués au prix de 168 francs. Il en achète 378 kilog. pour 925 fr. ; puis 487 kilog. pour 974 fr., et 99 kilog. pour 105 fr. On demande combien il a de kilogrammes de café, quel en est le prix, et combien il devra les revendre pour gagner 285 fr. sur le tout ?

Solution. — Ce marchand avait déjà. 56 kilog. de café évalués. 168 fr.

|  |  |  |  |  |
|---|---|---|---|---|
| il achète.. | 378$^{KG}$ | ...... pour...... | 925 id. |
| puis..... | 487 | ...... pour...... | 974 id. |
| puis..... | 99 | ...... pour...... | 105 id. |

Il a donc en tout................ 1020 kilog. de café, pour. 2172 fr.

En revendant ces 1020 kilog. de café, il doit gagner......... 285 id.

Il doit donc les revendre.......... 2457 fr.

279. — Un épicier vend le lundi 8,$^{KG}$ 450 de sucre pour 6 fr. 75 ; le mardi, il vend 4,$^{KG}$ 245 pour 3 fr. 39 c. ; le mercredi, 5,$^{KG}$ 825 pour 4 fr. 65 ; le jeudi, 1,$^{KG}$ 975 pour 1 fr. 58 ; le vendredi, 19,$^{KG}$ 725 pour 15 fr. 78 ; et le samedi, 25,$^{KG}$ 05 pour 19 fr. 25. On demande combien cet épicier a vendu de kilogrammes de sucre pendant cette semaine, et pour quelle somme ?

|  | KG |  |  | f | c |
|---|---|---|---|---|---|
| Solution. Si cet épicier vend le lundi | 8, | 450 de sucre pour | | 6, | 75 |
| le mardi | 4, | 245........ pour | | 3, | 39 |
| le mercredi | 5, | 825........ pour | | 4, | 65 |
| le jeudi | 1, | 975........ pour | | 1, | 58 |
| le vendredi | 19, | 725........ pour | | 15, | 78 |
| le samedi | 25, | 05........ pour | | 19, | 25 |

Il a donc vendu pendant la semaine 65,$^{KG}$ 225 de sucre pour 51, 40 (F C)

280. — Une dame entre dans une boutique avec 310 fr. dans son porte-monnaie. Elle fait des emplettes, et sort avec 175 francs. Pour combien a-t-elle acheté de marchandises ?

Solution. — Si cette dame avait 310 francs dans son porte-monnaie, en entrant dans la boutique.

et si elle en sort avec 175 francs,

elle a donc acheté pour 135 francs de marchandises.

281. Un cultivateur a employé un ouvrier pendant 3

mois ; le premier mois, il lui a donné 35 fr. 75 ; le deuxième
mois 45 fr. 35 ; et le troisième mois, 55 fr. 85. L'ouvrier
a dépensé 50 fr. 45 pour sa nourriture ; 25 fr. 75 pour son
entretien ; et 18 fr. 25 pour son loyer. On demande ce qu'il
lui reste ?

Solution. — Si cet ouvrier a reçu,
le premier mois.... 35,$^F$ 75, s'il a dépensé 50,$^F$ 45 pour sa nourriture.
le deuxième mois... 45, 35 ;............. 25, 75 pour son entretien.
le troisième mois... 55, 85 ;............. 18, 25 pour son loyer.

Il a donc gagné
pendant ces trois mois 136,$^F$ 95, et a dépensé 94,$^F$ 45.
S'il a dépensé.... 94,$^F$ 45,

Il lui reste...... 42,$^F$ 50 c.

282. — Une personne sort de chez elle avec 150 francs :
elle achète 6 mètres de mousseline de laine à 4 fr. le mètre ; 7 mètres de taffetas à 7 fr. le mètre ; 5 mètres de toile
à 3 francs le mètre ; 8 paires de gants à 3 francs la paire,
et 12 paires de bas à 2 francs la paire. Quand elle eut payé
ces emplettes, que lui restait-il ?

Solution. — Pour 1 mètre de mousseline de laine,
cette personne a donné........... 4 fr.
pour 6 mètres, elle a donné
6 fois plus que pour un mètre, ou... $4^f \times 6 = 24$ fr.
pour 1 mètre de taffetas, elle a donné 7 fr.
pour 7 mètres......... elle a donné
7 fois plus que pour 1 mètre, ou... $7^f \times 7 = 49$ fr.
pour 1 mètre de toile, elle a donné... 3 fr.
pour 5 mètres....... elle a donné
5 fois plus que pour 1 mètre, ou..... $3^f \times 5 = 15$ fr.
pour 1 paire de gants, elle a donné... 3 fr.
pour 8 paires de gants, elle a donné
8 fois plus que pour 1 paire, ou...... $3^f \times 8 = 24$ fr.
pour 1 paire de bas, elle a donné..... 2 fr.
pour 12 paires de bas, elle a donné
12 fois plus que pour 1 paire, ou.... $2^f \times 12 = 24$ fr.

Elle a donné en tout, une somme de........... 136 fr.

Or, cette personne est sortie de
chez elle avec ........... 150 fr.
et elle a dépensé.......... 136 fr.

Il lui reste donc........ 14 fr.

**283.** — Un cultivateur conduit au marché 45 sacs de grain, qui contiennent chacun 14 décalitres 7 litres ; combien doit-il recevoir pour ce grain, s'il le vend 15 francs 75 centimes l'hectolitre ?

Solution. Si 1 sac de grain contient 14, 7 ou 1, 47 (DL, HL)

45 sacs de grain contiennent 45 fois plus

qu'un sac, ou.................... 1, 47 × 45 = 66, 15 (HL)

Ce cultivateur vend 1 de grain.......... 15, 75 (HL)

Il vend 66, 15 de grain 66 fois plus et (HL)

15 centièmes de fois plus qu'un HL, ou. 15,ᶠ75 × 66,15 = 1041,ᶠ86.

Il doit donc recevoir 1041 francs 86 centimes.

**284.** — On achète pour 372 francs une caisse de marchandise qui pèse 125 kilogrammes. La caisse vide pèse 32 kilogrammes. A combien revient le kilogramme de marchandise ?

Solution. Si la caisse, remplie de marchandise, pèse 125 kilogrammes

et si, vide, elle pèse.................. 32 id.

le poids de la marchandise est donc de. 93 kilogrammes.

Si 93 kilogr. de marchandise coûtent... 372 francs.

1 coûte 93 fois moins que 93 KG, ou $\dfrac{372}{93} = 4$ francs.

**285** — Combien recevrait-on de mètres de toile, à 12 fr. 75 le mètre, en échange de 85 mètres 35 d'un drap qui coûte 18 fr. 75 le mètre ?

Solution. Si 1 mètre de drap coûte 18,ᶠ75

85, 35 de drap coûtent 85 fois et 35 (M)

centièmes de fois plus qu'un M., ou 18,ᶠ75 × 85, 35, = 1600ᶠ, 31.

Si 1 mètre de toile coûte.......... 12,ᶠ75

X (1) mètres de toile coûtent

X fois plus qu'un mètre, ou..... 12,ᶠ75 × X = 1600,ᶠ31

D'où $X = \dfrac{1600^{\text{f}}\,31}{12,75} = 125$ mètres 51.

---

(1) *x* représente la quantité de mètres de toile que l'on cherche ; cette quantité multipliée par 12ᶠ,75, valeur d'un mètre de toile, doit donner 1600 fr. 31 c. pour que, de part et d'autre, l'échange ait lieu sans perte

### 3ᵉ LEÇON.

## Problèmes sur les Fractions ordinaires et sur les Règles de Trois.

**286.** — On a coupé une pièce d'étoffe en 4 morceaux qui ont, le premier, 2 mètres $\frac{1}{2}$ de long, le second, 2 mètres $\frac{3}{5}$, le troisième, 6 mètres $\frac{2}{3}$, et le quatrième, 7 mètres. On demande quelle était la longueur de la pièce ?

SOLUTION. — La longueur de cette pièce d'étoffe était évidemment égale à la somme des nombres fractionnaires $2^m \frac{1}{2} + 2^m \frac{3}{5} + 6^m \frac{2}{3} + 7^m$ ; or, pour faire la somme des nombres fractionnaires, il faut d'abord faire la somme des fractions, puis celle des unités, en tenant compte du nombre des unités fournies par la somme des fractions (242). En opérant ainsi, je trouve que la longueur de cette pièce d'étoffe était

$$2^m \frac{1}{2} \quad \text{ou} \quad 2^m \frac{15}{30}$$
$$2^m \frac{3}{5} \quad \text{ou} \quad 2^m \frac{18}{30}$$
$$6^m \frac{2}{3} \quad \text{ou} \quad 6^m \frac{20}{30}$$
$$7^m \qquad\qquad 7^m$$
$$\text{de} \ldots\ldots\ldots 18^m \frac{23}{30}$$

**287.** — Deux fontaines donnent, la première 14 litres en 3 heures, et la seconde 23 litres en 5 heures : quelle est celle qui donne le plus ?

---

ni gain ; 1600 fr. 31 est donc le produit de deux facteurs, 12 fr. 75 et $x$ ; or, pour avoir $x$, facteur inconnu, il faut (68) diviser 1600,ᶠ 31, par 12,ᶠ 75 facteur connu. De cette manière, on trouve qu'on doit recevoir 125 mètres 51 de toile, en faisant cet échange.

Ce problème fait partie des règles de troc ou de change.

Solution. Si la 1ʳᵉ fontaine, en 3 h., donne ............ **14 lit.**

en 1 h., elle donne 3 fois moins qu'en 3 heures, ou ......... $\frac{14}{3}$ de lit.

Si la 2ᵉ fontaine, en 5 h., donne ............ **23 lit.**

en 1 h., elle donne 5 fois moins qu'en 5 heures, ou .......... $\frac{23}{5}$ de lit.

Pour savoir quelle est la fontaine qui donne le plus, je réduis les fractions $\frac{14}{3}$ et $\frac{23}{5}$ au même dénominateur, ensuite je soustrais la plus petite fraction de la plus grande, et je trouve, par ce moyen, que la 1ʳᵉ fontaine donne, en 1 heure,

$$\frac{14}{3} - \frac{23}{5}$$

$$\frac{70}{15} - \frac{69}{15} = \frac{1}{15} \quad \text{de litre de plus que la seconde.}$$

**288.** — Un voyageur a 84 kilomètres à faire en 4 jours. Le premier jour, il a fait le $\frac{1}{5}$ de la route; le deuxième jour, il en a fait le $\frac{1}{3}$, et le troisième, les $\frac{2}{7}$; combien a-t-il fait de kilomètres chaque jour; combien dans les 3 jours; combien lui en reste-t-il à faire?

Solution. Si ce voyageur fait, le premier jour, le $\frac{1}{5}$ de la route, il fait donc le $\frac{1}{5}$ de 84 kilomètres, ou ......... $\frac{84}{5}$ $= 16,^{KM}8$

Le 2ᵉ jour, il fait donc le $\frac{1}{3}$ de 84 kilom., ou $\frac{84}{3}$ $= 28,^{KM}$

et le 3ᵉ jour, il fait les $\frac{2}{7}$ de 84 kilomètres, ou $\frac{84 \times 2}{7} = 24,^{KM}$

Dans les 3 jours, il a fait .......... $68,^{KM}8$

Or, ce voyageur avait à faire ...... 84 ᴷᴹ

et il n'en a fait que ............ 68, 8

il lui reste donc à faire ....... $15,^{KM}2$

**289.** — Une fontaine donne 4 litres $\frac{2}{3}$ d'eau par minute; on demande en combien de minutes elle remplira une pièce qui contient 75 litres $\frac{4}{5}$?

Solution. Je représente par $x$ le nombre de minutes qu'emploiera cette fontaine pour remplir la pièce, puis je dis:

si dans 1 minute, cette fontaine donne 14 litres $\frac{2}{3}$ ou .. $\frac{44}{3}$ de litre.

dans $x$ minutes, elle donne
$x$ fois plus que dans 1 mi-
nute, ou............... $\frac{44}{3} \times x = 75$ l. $\frac{4}{5}$ ou $\frac{379}{5}$ de lit.

d'où (68) $x = \frac{379}{5} : \frac{44}{3} = \frac{379}{5} \times \frac{3}{44} = 5,^m37^s\frac{4}{11}$

**290.** — L'Hectolitre de vin coûte 85 fr. 18 ; quel est le prix de 2756 litres ?

SOLUTION. Si 1$^{HL}$ ou 100 litres de vin coûtent. 85,$^F$18

   1 litre coûte 100 fois moins

   que 100 litres, ou.... $\frac{85,^f18}{100}$

  2756 litres coûtent 2756 fois

   plus qu'un litre, ou.. $\frac{85,^f18 \times 2756}{100} = 2347$ f. 56

**291.** — Une garnison n'a plus que pour 20 jours de vivre, si l'on continue à donner la même ration ; mais comme elle doit encore tenir 30 jours la place, on demande à quoi doit être réduite la portion de chaque soldat ?

SOLUTION. Je représente par $x$ la ration de chaque soldat, puis je dis :

  Si, pour 20 jours, la ration donnée est

   représentée par ............... $x$

  pour 1 jour cette ration est 20 fois plus

   grande que pour 20 jours, ou..... $x \times 20$

  pour 30 jours, elle est 30 fois plus

   petite que pour 1 jour, ou....... $\frac{x \times 20}{30} = \frac{20 x}{30} = \frac{2 x}{3}$

C'est-à-dire que la portion de chaque soldat doit être réduite au $\frac{2}{3}$ de la ration ordinaire.

**292.** — Un entrepreneur emploie 8 ouvriers qui mettent 45 jours en travaillant 10 heures par jour, pour construire une maison ; combien 15 ouvriers auraient-ils mis de jours pour construire cette maison, sachant qu'ils eussent travaillé 8 heures par jour ?

SOLUTION.    8$^{our.}$    10$^h$    45$^j$

      15$^{our.}$    8$^h$    $x^j$

Si 8 ouvriers en 10$^h$ mettent.......................... 45 j.

   1$^{ouv}$......... 10$^h$ met 8 fois plus de temps, ou.. $45j \times 8$

   1$^{ouv}$......... 1$^h$ met 10 fois plus de temps, ou.. $45j \times 8 \times 10$

   15$^{ouv}$......... 1$^h$ mettent 15 f. moins de temps ou $\dfrac{45 \times 8 \times 10}{15}$

   15$^{ouv}$......... 8$^h$ mettent 8 fois moins de temps, ou $\dfrac{45j \times 8 \times 10}{15 \times 8} = 30$ j.

On peut simplifier les calculs précédents, en supprimant les facteurs communs aux deux termes de la fraction; ainsi après avoir supprimé le facteur 8 commun aux termes de cette fraction, et avoir pris le 15$^e$ de 45 et de 15, on trouve que le nombre des jours cherché est égal à $3 \times 10$ ou à **30.**

---

## 4$^e$ LEÇON.

### De la Règle d'Intérêt.

**293.** — L'intérêt est le bénéfice que le prêteur fait de son argent; c'est une rétribution qu'il exige de l'emprunteur pour compenser les avantages dont il aurait pu jouir en faisant valoir lui-même ses fonds.

Le capital est la somme prêtée.

**294.** — On appelle taux de l'intérêt ou de l'argent, le bénéfice que procure une somme de 100 francs placée pendant un an.

Lorsque 100 francs rapportent 5 francs d'intérêt par an, on dit que le taux de l'argent est de 5 pour 100, ce qui s'indique ainsi : 5 p. 0/0.

**295.** — Il y a deux sortes d'intérêts : l'intérêt simple et l'intérêt composé.

**296.** L'intérêt est simple, quand le capital reste le même pendant toute la durée du prêt. Dans ce cas, l'intérêt d'un capital pendant plusieurs années, s'obtient en multipliant, par le nombre des années, l'intérêt de ce capital pendant un an.

**297.** — L'intérêt est composé, quand il se joint au capital pour porter intérêt.

**298.** — Le taux légal pour les particuliers est de 5 p. 0/0, et pour les négociants de 6 pour 0/0.

**299.** — Pour trouver l'intérêt d'un capital placé pendant un temps donné et à un taux déterminé, il faut multiplier le capital par le taux, le produit obtenu par le temps, et diviser le résultat par 100, par 1200 ou par 36000, selon que le temps est exprimé en années, en mois, ou en jours.

*Exemple :*

**300.** — Quel est l'intérêt que fournit un capital de 8000 francs placé pendant un an 8 mois 15 jours, à raison de 5 p. 0|0 par an ?

Un an 8 mois 15 jours, c'est 615 jours (201).

D'après la règle générale énoncée plus haut (299), si $a$ représente le capital, $i$ le taux de l'intérêt, $t$ le temps et $x$ l'intérêt, on a : $X = \dfrac{ait}{36000}$

ou, en remplaçant les lettres par leurs valeurs .................. $X = \dfrac{8000 \times 5 \times 615}{36000} = 683,^f 34.$

SOLUTION.

Si 100$^F$, en 360$^J$ produisent.......... 5$^f$ d'intérêt,

1, en 360 produit 100 fois moins que 100 fr. pendant le même temps, ou..... $\dfrac{5}{100}$

1$^F$, en 1$^J$ produit 360 fois moins que s'il restait placé pendant 360 jours, ou. $\dfrac{5}{100 \times 360}$

8000$^F$, en 1$^J$ produisent 8000 fois plus qu'un fr. pendant le même temps, ou... $\dfrac{5 \times 8000}{100 \times 360}$ .....

8000$^F$, en 615$^J$ produisent 615 fois plus que la même somme placée pendant un jour, ou.......... $\dfrac{5 \times 8000 \times 615}{100 \times 360} = 683,^f34.$

**301.** — Pour trouver le capital, connaissant l'intérêt, le taux et le temps, il faut multiplier les intérêts donnés par 100 ; et diviser le résultat par le produit du taux multiplié par le temps. Si le temps est exprimé en mois, on multiplie les intérêts par 1200 ; et, par 36000, s'il est exprimé en jours.

302. — Quel est le capital qui, placé pendant 38 mois, à raison de 5 pour 0|0 par an, fournit un intérêt de 760 francs ?

D'après la règle générale énoncée ci-dessus (301), on a : $a = \dfrac{X \times 1200}{it}$,

ou, en remplaçant les lettres par leurs valeurs : $a = \dfrac{760 \times 1200}{5 \times 38} = 4800^f$.

SOLUTION.

Si   5 fr. d'intérêt en 12 mois sont fournis par.............. $100^F$ de capital.

1 fr........ en 12 mois est fourni par un capital 5 fois plus petit que celui qui a fourni 5 fr. ou par.. $\dfrac{100}{5}$

$1^F$ ....... en 1 mois est fourni par un capital 12 fois plus grand que celui qui a fourni 1 fr. en 12 mois ou par.............. $\dfrac{100 \times 12}{5}$

$760^F$ ....... en 1 mois sont fournis par un capital 760 fois plus grand que celui qui a fourni 1 fr. en 1 mois, ou par.............. $\dfrac{100 \times 12 \times 760}{5}$

$760^F$ ....... en 38 mois sont fournis par un capital 38 fois plus petit que celui qui a fourni 760 fr. en un mois, ou par........ $\dfrac{100 \times 12 \times 760}{5 \times 38} = 4800^f$.

303. — Pour trouver le taux de l'intérêt, connaissant le capital, le temps et l'intérêt, il faut multiplier l'intérêt par 100 et diviser le résultat par le produit du capital multiplié

par le temps. Si le temps est exprimé en mois, on multiplie l'intérêt par 1200; et, par 36000, s'il est exprimé en jours.

304. Un capital de 6400 francs, placé pendant 3 ans, a fourni 768 francs d'intérêt ; quel était le taux de l'intérêt ?

D'après la règle générale énoncée ci-dessus (303), on a : $I = \dfrac{X \times 100}{at}$

ou, en remplaçant les lettres par leurs valeurs, $I = \dfrac{768 \times 100}{6400 \times 3} = 4\,\text{fr.}$

SOLUTION.

Si un capital de 6400$^{F}$, en 3 ans, fournit............ 768$^f$ d'intérêt,

............ 1 F, en 3 ans, fournit 6400 fois moins qu'un capital de 6400 fr. placé pendant le même temps, ou........ $\dfrac{768^f}{6400}$

............ 1$^F$, en 1 an, fournit 3 fois moins que le même capital placé pendant 3 ans, ou $\dfrac{768}{6400 \times 3}$

............ 100$^F$, en 1 an, fournit 100 fois plus qu'un capital de 1 fr. placé pendant le même temps, ou... $\dfrac{768 \times 100}{6400 \times 3} = 4\,\text{fr.}$

L'argent était placé à 4 pour 0,0 par an.

305. — Pour trouver le temps pendant lequel un capital est resté placé, connaissant ce capital, le taux et l'intérêt, il faut multiplier l'intérêt par 100, et diviser le résultat par le produit du capital multiplié par le taux.

306. — Un capital de 7000 francs produit 400 francs d'intérêt, placé au taux de 5 pour 100 par an ; pendant combien de temps est-il resté placé ?

D'après la règle générale énoncée ci-dessus (305), on a : $t = \dfrac{X \times 100}{ai}$

ou, en remplaçant les lettres par leurs valeurs, $t = \dfrac{400 \times 100}{7000 \times 5} = 1\,\text{an}$

1 mois 21 j. $\dfrac{3}{7}$.

SOLUTION.

Si un capital
de 100 fr. fournit 5 fr. d'intérêt en ...... 1 an

.....1$^F$ fournit 5 fr. d'intérêt en
100 fois plus de temps
qu'un capital de 100 fr. ou en.... 100 ans

.....1$^F$ fournit 1$^F$ d'intérêt en 5
fois moins de temps qu'il
en met pour fournir 5 fr.

d'intérêt, ou en............. $\dfrac{100}{5}$

..7000$^F$ fournit 1$^F$ d'intérêt en 7000
fois moins de temps qu'un
capital de 1 franc, ou

en...................... $\dfrac{100}{5 \times 7000}$

..7000$^F$ fournit 400 fr. d'intérêt en
400 fois plus de temps qu'il
en met pour fournir 1 fr.

d'intérêt, ou en........ $\dfrac{100 \times 400}{5 \times 7000} = 1$ an 1 m. 21 j. $\dfrac{3}{7}$

## Intérêt composé.

307.— Pour trouver l'intérêt composé d'une somme placée
pendant un certain nombre d'années et à un taux connu, il
faut chercher l'intérêt que produit cette somme pour un an;
calculer ensuite l'intérêt simple de cette somme augmentée
de son intérêt, et ainsi de suite, jusqu'à ce que le nombre
des années soit épuisé.

308. — Quel est l'intérêt composé d'un capital de
6500 francs, placé, pendant 3 ans, à raison de 5 francs pour
0|0 par an ?

SOLUTION.

L'intérêt de 6500 f. pour un an est de

$$\frac{6500 \times 5}{100} = 325\ \text{F}$$

Le capital de la 2ᵉ année est......
6500 + 365 = 6825 F

L'intérêt de 6825 f. pour un an est de

$$\frac{6825 \times 5}{100} = 341,\ 25\ \text{F}$$

Le capital de la 3ᵉ année est.......
6825 + 341 25 = 7166,f 25

L'intérêt de 7166f, 25 pour un an est de

$$\frac{7166,\ 25 \times 5}{100} = 358,\ 31$$

L'intérêt composé de 6500 fr. placés pendant 3 ans est de  1024f, 56

## Questionnaire.

293. Qu'est-ce que l'intérêt ?—294. Qu'appelle-t-on taux de l'intérêt ? — 295. Combien y a-t-il de sortes d'intérêts ?—296. Quand l'intérêt est-il simple ? — 297. Quand l'intérêt est-il composé ? — 298. Quel est le taux légal pour les particuliers ? — 299. Comment trouve-t-on l'intérêt connaissant le capital, le taux et le temps ? — 301. Comment trouve-t-on le capital connaissant l'intérêt, le taux et le temps ? — 303. Comment trouve-t-on le taux, connaissant le capital, le temps et l'intérêt ? — 305. Comment trouve-t-on le temps, connaissant le capital, le taux et l'intérêt ? — 307. Comment trouve-t-on l'intérêt composé d'une somme placée pendant un temps donné et à un taux connu ?

---

## 5ᵉ LEÇON.

### DES FONDS PUBLICS, DE LA RÈGLE D'ESCOMPTE ET DE LA RÈGLE DE SOCIÉTÉ.

### 1° Des Fonds publics.

309.—On appelle rentes sur l'Etat l'intérêt qu'on retire d'un capital prêté au gouvernement.

Lorsque les gouvernements font un emprunt public, ils conviennent de donner un certain intérêt fixe, 3 fr., 4 fr., 4 fr. $\frac{1}{2}$, 5 fr. pour un capital variable. Si, par exemple, pour 106 fr. 40 de capital la rente est de 4 fr. $\frac{1}{2}$, on dit que le 4 $\frac{1}{2}$ est à 106,f 40.

**310.** — Il y a en France deux principales espèces de fonds publics : le 4 $\frac{1}{2}$ pour 100 et le 3 pour 100. Le cours de la rente est rendu public chaque jour à la Bourse de Paris.

**311.** — Pour connaître l'intérêt d'un placement de fonds en achetant des rentes à un cours donné, il faut multiplier la rente par 100, et diviser le produit obtenu par le cours de la rente.

**312.** — A quel intérêt placerait-on son argent, en achetant du 4 $\frac{1}{2}$ pour 0|0 au cours de 96 fr. 40 ?

SOLUTION.

Si 96ᶠ 40 produisent.............. 4,ᶠ 50 d'intérêt

1ᶠ produit 96 fois et 40 centièmes de fois moins que
96 fr. 40, ou........... $\dfrac{4,^f 50}{96, 40}$

100ᶠ produisent 100 fois plus
que 1 fr. ou............ $\dfrac{4,^f 50 \times 100}{96, 40} = $ 4 fr. 66 environ.

**313.** — Pour connaître le prix d'une quantité quelconque de rentes à un cours donné, il faut multiplier la quantité de rentes par le cours et diviser le produit par la rente achetée.

**314.** — Le 3 pour 0|0 étant à 80 fr. 50, combien paiera-t-on 2500 francs de rente ?

SOLUTION.

Si 3 fr. de rente coûtent......... 80,ᶠ 50

1 fr. id.. coûte 3 fois moins
que 3 francs, ou... $\dfrac{80,^f 50}{3}$

2500 fr. id.. coûtent 2500 fois
plus que 1 fr. ou... $\dfrac{80,^f 50 \times 2500}{3} = $ 67083,ᶠ 33.

**315.** — Pour connaître combien on peut acheter de rentes pour une somme donnée, il faut multiplier la rente par la somme et diviser le produit par le cours de la rente.

**316. —** Pour 1800 francs, combien peut-on acheter de rentes $4\frac{1}{2}$ p. 0|0 au cours de 95 fr. 25 ?

SOLUTION.

Si, pour 95,$^f$ 25 , on a........ 4,$^f$ 50 de rente,

pour 1,$^f$ on a 95 fois et 25

centièmes de fois moins, ou $\dfrac{4,^f 50}{95,25}$

pour 1800,$^f$ on a 1800 fois

plus que pour 1 fr., ou..... $\dfrac{4,50 \times 1800}{95,25} = 85,^f\ 05$ environ.

**317. —** Les rentes s'achètent et se vendent comme toute autre marchandise, ce qui produit la hausse et la baisse des fonds publics.

### 2° De l'Escompte.

**318. —** On appelle escompte la retenue que l'on fait sur un billet quand on le paie avant son échéance.

**319. —** On distingue dans un billet deux sortes de valeurs : 1° la valeur nominale, ou la somme inscrite sur le billet et qui ne sera payée qu'à l'échéance ; 2° la valeur actuelle, ou la somme qui, augmentée de ses intérêts depuis le moment actuel jusqu'à l'époque de l'échéance, serait égale à la valeur nominale.

**320. —** Il y a deux espèces d'escomptes ; l'escompte en dehors et l'escompte en dedans.

**321. —** L'escompte en dehors est l'intérêt simple de la somme portée sur un billet pour le temps qui reste à s'écouler du jour de l'escompte à celui de l'échéance.

**322. —** L'escompte en dedans est l'intérêt de la valeur actuelle d'un billet pour le temps qui reste à s'écouler du jour de l'escompte à celui de l'échéance.

**323. —** Pour trouver la valeur actuelle d'un billet, il faut multiplier le montant du billet par 100, diviser ce produit par 100 augmenté de son intérêt calculé pour le temps qui doit s'écouler avant l'échéance.

**324. —** Pour trouver l'escompte en dedans, il suffit de soustraire du montant du billet la valeur actuelle de ce billet, le reste obtenu est l'escompte en dedans; *ou*, multiplier le montant du billet par l'intérêt de 100 francs calculé pour le temps qui doit s'écouler avant l'échéance, puis diviser ce résultat par 100 fr. augmentés du même intérêt.

Dans le commerce en France, on escompte en dehors; ordinairement le taux de l'escompte est à 6 p. 0|0.

325. — Quelle somme doit-on prélever sur un billet de 2000 francs payable dans 150 jours, escompte en dehors à 6 p. 0|0.

|  |  |  |
|---|---|---|
| 100 fr. | 360 j. | 6 fr. d'escompte. |
| 2000 fr. | 150 j. | $x$ fr. d'escompte. |

SOLUTION.

Si, sur un billet de 100 fr. à 360 jours, on prélève...................... $6^f$ d'escompte,

sur un billet de 1 fr. à 360 j. on prélève 100 fois moins ou......... $\dfrac{6}{100}$

sur un billet de 1 fr. à 1 j. on prélève 360 fois moins, ou......... $\dfrac{6}{100 \times 360}$

sur un billet de 2000 fr. à 1 j. on prélève 2000 fois plus, ou......... $\dfrac{6 \times 2000}{100 \times 360}$

sur un billet de 2000 fr. à 150 j. on prélève 150 fois plus, ou......... $\dfrac{6 \times 2000 \times 150}{100 \times 360} = 50$ fr.

326. — Quelle somme doit-on prélever sur un billet de 2000 francs, payable dans 150 jours, escompte en dedans à 6 pour 0|0 ?

SOLUTION.

Si, sur un billet de 100 fr. à 360 j. on prélève 6 fr. d'escompte,

sur un billet de 100 f. à 1 jour, on prélève 360 fois moins, ou............ $\dfrac{6}{360}$

sur un billet de 100 fr. à 150 j. on prélève 150 fois plus, ou............. $\dfrac{6 \times 150}{360} = 2^{,f}50$

100 fr. après 150 j. valent donc $100^f + 2,^f50 = 102,^f50$

Si 102 fr. 50, après 150 j., ne valent actuellement que...................... 100f

1 fr. après 150 jours a une valeur actuelle 102 fois et 50 centièmes de fois plus petite que 102 f. 50, ou.......... $\dfrac{100}{102,\ 50}$

2000 fr. après 150 j. valent actuellement 2000 fois plus qu'un fr. après le même temps, ou $\dfrac{100 \times 2000}{102,\ 50} = 1951,^f 22$

$$2000 - 1951,^f 22^c = 48,^f 78 \text{ escompte en dedans.}$$

Dans cet exemple, l'escompte en dehors surpasse l'escompte en dedans de 1,f 22.

On peut obtenir l'escompte en dedans d'une manière plus directe, en disant :

Si, pour 102 fr. 50 payables dans 150 j., on doit retenir.................... 2,f 50

pour 1 fr. payable à la même époque, on doit retenir 102 f. et 50 centièmes de fois moins, ou.................... $\dfrac{2,^f 50}{102,50}$

pour 2000 fr. payables à la même époque, on doit retenir 2000 fois plus que pour 1 fr., ou................ $\dfrac{2,^f 50 \times 2000}{102,\ 50} = 48,^f 78$

### 3° De la Règle de Société.

**327.** — La règle de société est une opération qui a pour but de partager entre plusieurs associés dans un même commerce, le bénéfice ou la perte qui résulte de leur association.

**328.** — Le bénéfice ou la perte de chaque associé dépend de la mise des fonds et du temps pendant lequel cette mise est restée dans la société.

**329.** — La règle de société présente deux cas : celui où les mises sont placées pendant le même temps ; et celui où les mises sont placées pendant des temps différents.

**330.** — La perte ou le gain de chaque associé est égal à

la perte ou au gain total, multiplié par la mise de cet associé et divisé par la mise totale.

331. — Trois négociants se sont associés, le premier a mis 8000 fr. ; le second 5600 fr. ; et le troisième 6400 francs; au bout d'un an, ils ont eu 4000 fr. de bénéfice ; on demande ce qu'il revient à chaque négociant proportionnellement à sa mise ?

SOLUTION. Le 1er négociant a mis................ 8000 F

Le 2e ................................. 5600

Le 3e ................................. 6400

TOTAL DES MISES............ 20000 F

Ces négociants avaient un capital de

20000 F ,qui a donné ............... 4000f de bénéfice

1f a donné 20000 fois moins de bénéfice, ou $\dfrac{4000}{20000} = 0,^f 20$

Si 1 F a produit.................. 0,f 20 de bénéfice

8000 f. ont produit 8000 fois plus de bénéfice

qu'un fr., ou.................. $0,^f20 \times 8000 = 1600^f$

pour le 1er négociant.

5600 f. ont produit 5600 fois plus de bénéfice

qu'un fr., ou.................. $0,^f 20 \times 5600 = 1120$

pour le 2e négociant.

6400 f. ont produit 6400 fois plus de bénéfice

qu'un fr., où.................. $0^f, 20 \times 6400 = 1280$

pour le 3e négociant.

Preuve.... 4000 f.

de bénéfice.

332.—Trois négociants ont fait un bénéfice de 3600 francs en société; le premier a mis 4000 francs pendant 3 mois; le deuxième, 2500 fr. pendant 6 mois, et le troisième 1800 francs pendant 9 mois: combien revient-il à chaque négociant proportionnellement à sa mise, et au temps qu'elle est restée dans la société ?

SOLUTION.

Le 1er négt ayant mis 4000 fr pendant 3 mois,
c'est comme s'il eût mis................ $4000^{fr} \times 3 = 12000$ fr.
pendant 1 mois.

Le 2e négt ayant mis 2500 fr pendant 6 mois,
c'est comme s'il eût mis................ $2500^{fr} \times 6 = 15000$ fr.
pendant 1 mois.

Le 3e négt ayant mis 1800 fr pendant 9 mois,
c'est comme s'il eût mis................ $1800^{fr} \times 9 = 16200$ fr.
pendant 1 mois.

TOTAL DES MISES......... 43200 fr.

Si 43200 fr. ont produit................ 3600 fr. de bénéfice

1 fr. a produit 43200 fois moins de
bénéfice, ou................... $\dfrac{3600}{43200} = \dfrac{1}{12}$ de fr.

Si 1 fr. rapporte................... $\dfrac{1}{12}$ de fr. de bénéfice

12000 fr. rapportent 12000 fois plus de bénéfice
qu'un fr., ou................... $\dfrac{12000}{12} = 1000$ fr.
pour le 1er négociant.

15000 fr. rapportent 15000 fois plus de bénéfice
qu'un fr., ou................... $\dfrac{15000}{12} = 1250$ fr.
pour le 2e négociant.

16200 fr. rapportent 1620 fois plus de bénéfice
qu'un franc, ou................... $\dfrac{16200}{12} = 1350$ fr.
pour le 3e négociant.

Preuve.... 3600 fr.

## Questionnaire.

*Des fonds publics.* 309. Qu'entend-on par rentes sur l'Etat? — 310. En France combien y a-t-il d'espèces de fonds publics? — 311. Comment peut-on trouver l'intérêt d'un placement de fonds en achetant des rentes à un cours donné? — 313. Comment détermine-t-on le prix d'une quantité quelconque de rentes à un cours donné? — 315. Comment détermine-t-on ce qu'on peut acheter de rentes pour une somme donnée? —

317. Qu'entend-on par la hausse ou la baisse des fonds publics? — *De l'escompte.* 318. Qu'appelle-t-on escompte? — 319. Combien distingue-t-on dans un billet de sortes de valeurs? — 320. Combien y a-t-il d'espèces d'escomptes? — 321. Qu'est-ce que l'escompte en dehors? — 322. Qu'est-ce que l'escompte en dedans? — 323. Comment trouve-t-on la valeur actuelle d'un billet? — 324. Comment trouve-t-on l'escompte en dedans? — *De la règle de société.* 327. Qu'est-ce que la règle de société? — 328. De quoi dépend le bénéfice ou la perte de chaque associé? — 329. Combien la règle de société présente-t-elle de cas? — 330. A quoi est égale la perte ou le gain de chaque associé?

---

<h2 style="text-align:center">6<sup>e</sup> LEÇON.</h2>

### De la Règle de Mélange ou d'Alliage.

333. — La règle de mélange ou d'alliage est une opération qui a pour but de calculer le prix moyen de plusieurs objets différents qui ont été mélangés, connaissant le nombre et la valeur particulière des objets avant le mélange.

On mélange des liquides, des marchandises sèches de même nature; on allie des métaux que l'on combine à l'état de fusion.

334. — Un marchand a des vins de différentes qualités qu'il vend : 0,$^f$50 le litre, 0,$^f$60 le litre, 0,$^f$90 le litre et 1 fr. le litre; il fait un mélange de ces quatre espèces de vins; combien doit-il vendre le litre de mélange?

SOLUTION. Ce marchand mélange 1 litre de vin à..............0,$^f$50

        avec 1 litre...... à.............0, 60

        avec 1 litre...... à.............0, 90

        avec 1 litre...... à.............1, »»

Il a donc mélangé 4 litres......qui valent   3,»»

1 litre vaut 4 fois moins, ou, $\frac{3}{4} = 0^f 75$

335. — Un vigneron veut mélanger du vin à 75 centimes le litre avec du vin à 50 centimes le litre pour vendre 60 centimes le litre de mélange : combien doit-il mettre de litres de chaque espèce de vin?

SOLUTION. — Pour résoudre ce problème, je prends les différences du nombre 60 aux deux nombres 75 et 50, et ces différences je les écris en croix.

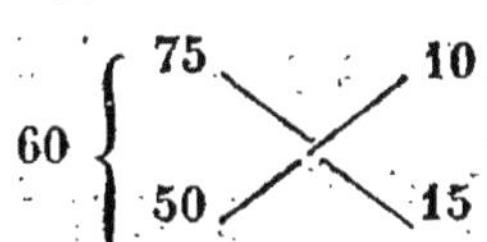

$$60 \begin{cases} 75 \\ 50 \end{cases} \begin{matrix} 10 \\ 15 \end{matrix}$$

Je trouve, par ce moyen, qu'il faut mélanger 20 litres de vin à 75 centimes avec 15 litres à 50 centimes, pour avoir 25 litres de vin que l'on puisse vendre 60 centimes le litre. En effet, chaque litre de vin à 75 centimes occasionne une perte de 15 centimes, 10 litres occasionnent 1 fr. 50 centimes de perte; chaque litre à 50 centimes occasionne un gain de 10 centimes, 15 litres occasionnent 1,f 50 c. de gain; donc, en mélangeant 10 litres du 1er vin avec 15 litres du second, je trouve que le gain compense la perte, et que le mélange vaut bien 60 centimes le litre;

car, 10 litres à 0,F 75 le litre valent............7,F 50

15 litres à 0, 50 le litre valent............7,- 50

25 litres de mélange valent............15,F »

1 l. de mélange vaut 25 fois moins, ou. $\frac{15}{25} = 0,^F 60$

En mélangeant 10 litres du 1er vin avec 15 litres du second, on a 25 litres de mélange : un litre de mélange est donc formé des $\frac{2}{5}$ du premier vin et des $\frac{3}{5}$ du second.

336. — Combien doit-on mélanger de vin à 75 centimes le litre avec du vin à 50 centimes le litre, pour avoir deux hectolitres de vin à 60 centimes le litre ?



Si, pour 1 litre à 75 centimes, il faut prendre $\frac{2}{5}$ de litre.

pour 2 HL ou 200 litres à 75 centimes, il faut

en prendre 200 fois plus que pour 1 l., ou $\frac{2 \times 200}{5} = 80$ litres.

Si, pour 1 litre à 50 centimes, il faut prendre $\frac{3}{5}$ de litre.

pour 2 HL ou 200 litres à 50 cent., il faut en

prendre 200 fois plus que pour 1 lit., ou $\frac{3 \times 200}{5} = 120$ litres.

Preuve......... 200 L ou 2 HL

337. — On a 250 litres de vin à 0 fr. 80 c. le litre : com-

6

bien faut-il y ajouter d'eau pour avoir du vin à 0 fr. 50 c. le litre ?

Solution. — Si un litre de vin coûte........... $0,^f 80$

250 litres de vin coûtent 250 fois

plus qu'un litre ou............. $0,^f 80 \times 250 = 200$ fr.

un litre d'eau et de vin coûtent.. $0,^f 50$

X litres d'eau et de vin coûtent X

fois plus qu'un litre, ou........ $0,^f 50 \times X = 200$ fr.

D'où $X = \dfrac{200}{0,50} = 400^L$

Si de 400 litres d'eau et de vin, je soustrais les 250 litres de vin, la différence exprimera le nombre de litres d'eau qu'on a ajoutés à 250 litres de vin pour que le litre de mélange revienne a $0,^f 50$ c.

$$400 - 250 = 150 \text{ litres d'eau.}$$

338. — Un cultivateur a du grain à 27 fr., à 23 fr., à 18 fr. et à 14 francs l'hectolitre, il veut en faire un mélange de 50 hectolitres à 20 francs l'hectolitre : combien doit-il en prendre de chaque qualité ?

Solution. — Je cherche d'abord le prix moyen des deux qualités supérieures, et le prix moyen des deux qualités inférieures au mélange.

qualités supérieures.

| HL | | F |
|----|----|----|
| 1 | ..à.. | 27 |
| 1 | ..à.. | 23 |

| HL | | F |
|----|----|----|
| 2 | ..à.. | 50 |
| 1 | ..à.. | $\frac{50}{2} = 25^F$ prix moyen. |

qualités inférieures.

| HL | | F |
|----|----|----|
| 1 | ..à.. | 18 |
| 1 | ..à.. | 14 |

| HL | | F |
|----|----|----|
| 2 | ..à.. | 32 |
| 1 | ..à.. | $\frac{32}{2} = 16^F$ prix moyen. |

Je prends ensuite les différences du nombre 20 aux deux nombres 25 et 16.

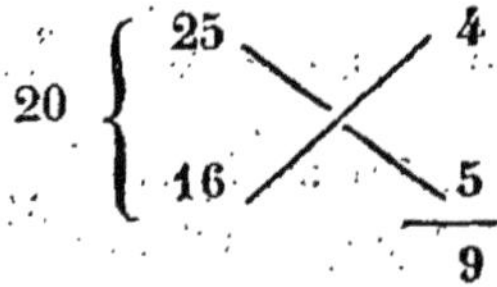

$$20 \begin{cases} 25 & 4 \\ 16 & 5 \end{cases} \quad \overline{9}$$

Je trouve, par ce moyen, qu'un hectolitre de mélange est formé des $\dfrac{4}{9}$ du grain des deux qualités supérieures et des $\dfrac{5}{9}$ du grain des deux qualités inférieures ; chaque qualité supérieure est donc égale à la moitié de $\frac{4}{9}$ ou à $\frac{4}{18}$ et chaque qualité inférieure à la moitié de $\frac{5}{9}$ ou à $\frac{5}{18}$ : or,

Si pour $1^{\text{ml}}$ à 27ʳ, il faut prendre............ $\frac{4}{18}$ d'hectolitre.

pour $50^{\text{ml}}$ à 27ʳ, il faut en prendre 50 fois
plus que pour $1^{\text{ml}}$, ou.............. $\dfrac{4 \times 50}{18} = 11,^{\text{HL}} 11$

pour 50 ml à 23 ʳ, il faut en prendre 50 fois
plus que pour $1^{\text{ml}}$, ou.............. $\dfrac{4 \times 50}{18} = 11,^{\text{HL}} 11$

pour 1 ml à 18 ʳ , il faut prendre............ $\dfrac{5}{18}$ d'hectolitre.

pour 50 ml à 18 ʳ , il faut en prendre 50 fois
plus que pour 1 ml; ou.............. $\dfrac{5 \times 50}{18} = 13,^{\text{HL}} 89$

pour 50 ml à 14 ʳ , il faut en prendre 50 fois
plus que pour 1 ml, ou.............. $\dfrac{5 \times 50}{18} = 13,^{\text{HL}} 89$

$$\text{Preuve}............., \quad 50 \text{ hectol.}$$

## Problèmes divers.

**339.** — 1º **Problème.** On demande un nombre dont le tiers, le $\frac{1}{4}$, les $\frac{5}{6}$ et les $\frac{7}{9}$ réunis forment en somme 79 ?

Solution. Je suppose que X représente le nombre demandé. D'après l'énoncé du problème, le tiers du nombre, ou $\frac{1x}{3}$ plus le $\frac{1}{4}$ du nombre, ou $\frac{1x}{4}$ plus les $\frac{5}{6}$ du nombre, ou $\frac{5x}{6}$ plus les $\frac{7}{9}$ du nombre, ou $\frac{7x}{9}$ doivent donner 79, en effectuant les calculs j'ai :

$$\frac{1x}{3} + \frac{1x}{4} + \frac{5x}{6} + \frac{7x}{9} = \frac{12x}{36} + \frac{9x}{36} + \frac{30x}{36} + \frac{28x}{36} = \frac{79x}{36} = 79$$

Si $\dfrac{79x}{36}$ égalent,............................ 79

$\dfrac{1x}{36}$ égale un nombre 79 fois plus petit, ou.... $\dfrac{79}{79}$

X égale un nombre 36 fois plus grand, ou.. $\dfrac{79 \times 36}{79} = 36$

Ce nombre est 36.

**340. — 2° Problème.** La somme de deux nombres est 81, leur différence est 31; quels sont ces deux nombres ?

Solution. — Si 31 représente l'excès du plus grand nombre sur le plus petit, en soustrayant 31 de 81, somme des deux nombres, le résultat exprimera le double du plus petit nombre, par conséquent la moitié de ce résultat sera le plus petit nombre.

$$81 - 31 = 50, \text{ double du plus petit nombre}; \frac{50}{2} = 25 \text{ plus}$$

petit nombre.

Le plus grand nombre est donc 81 — 25 = 56

    *Preuve.*          56 + 25 = 81

                 56 — 25 = 31

**341. — 3° Problème.** La somme de deux nombres est 850, le quotient du plus grand par le plus petit est 33 : quels sont ces deux nombres ?

Solution. — Dans toute division, le quotient indique combien de fois le dividende contient le diviseur; dans cet exemple, le quotient est 33, le plus grand nombre contient donc le plus petit 33 fois. Mais, d'après l'énoncé du problème, on a ajouté le plus petit nombre au plus grand, ou le diviseur au dividende et on a eu 850; le dividende 850 contient donc une fois de plus le diviseur; le quotient de 850 par le diviseur doit donc augmenter d'une unité, par conséquent doit être 34.

Or, le dividende peut être considéré comme un produit dont le diviseur et le quotient sont les facteurs, un de ces facteurs est connu, pour déterminer l'autre facteur, il faut diviser 850 par 34.

$$
\begin{array}{r|l}
850 & 34 \\
\hline
170 & 25 \\
00 &
\end{array}
$$

Le diviseur ou le plus petit nombre est 25; si l'on multiplie 25 par 33, ou si l'on soustrait 25 de 850, on aura le plus grand nombre qui est 825.

**342. — 4° Problème.** On a payé 24 fr. 90 c. pour 15 kilogrammes de sucre de deux qualités différentes, à 1 fr. 80 et à 1 fr. 50 le kilogramme : combien a-t-on acheté de kilogrammes de chaque espèce ?

Solution. — A 1,f80 le kilogramme, les 15 kilog. auraient été payés 27 francs, c'est-à-dire 2 fr. 10 de plus que le véritable prix d'achat; mais chaque kilogramme à 1 fr. 50 substitué à un kilog. de 1 fr. 80 diminue la dépense de 1,f80 — 1,f50 = 0,f30, il faudra donc substituer $\frac{2,10}{0,30}$ = 7 kilogrammes à 1,f50.

On a donc acheté 7 kilog. de la seconde qualité et 8 de la première.

**344.** — 5° Problème. On demandait à un cultivateur quel prix il a vendu son blé et son avoine. J'ai vendu, répondit-il, 24 hectolitres de blé et 20 d'avoine pour 800 fr. ; si au marché prochain je les vends le même prix, je retirerai 770 fr. de 16 hectolitres de blé et de 30 d'avoine que j'y mènerai. Quel est donc le prix de l'hectolitre de blé et celui de l'avoine ?

Solution.—Soit d'abord 16 fr. le prix de l'hectolitre de blé, les 25 hectolitres vaudront $16^f \times 25 = 400$ fr. ; resteront donc $800^f - 400^f = 400^f$ pour le prix de 20 hectolitres d'avoine, ce qui suppose $\frac{400^f}{20} = 20$ fr. par hectolitre. Dans cette hypothèse, le montant de la seconde vente serait $16^f \times 16 + 20^f \times 30 = 856$ fr., au lieu de 770 fr. L'erreur commise serait donc 86 fr.

Soit ensuite 17 fr. le prix de l'hectolitre de blé, on trouvera, en opérant de même, que l'erreur serait réduite à $64,^f 50$. L'erreur diminue donc de $21,^f 50$ en augmentant l'hypothèse de 1 fr., elle diminuera donc de 86 fr. si l'on augmente l'hypothèse de $\frac{86^f}{21,50} = 4$ fr. Le prix de l'hectolitre de blé est donc de 20 francs, et l'on trouve alors 15 francs pour le prix de l'hectolitre d'avoine.

# CINQUIÈME LIVRE.

## Problèmes d'Arithmétique

POUR SERVIR D'EXERCICES.

### Récapitulation générale.

1. On demande à combien s'élève la fortune d'un fermier qui possède : 1° une maison estimée 12675 francs ; 2° une ferme de 26400 francs ; 3° deux jardins chacun de 860 fr. ; 4° un pré de 3736 fr. ; 5° 3 billets de 7244 francs chacun ; 6° enfin, un autre billet de 675 francs ?

2. On doit à un ouvrier sa paie de 4 mois de travail. Il devait recevoir le premier mois 156,f25 ; le deuxième mois 118,f75 c. ; le troisième mois 148 fr. 45, et le quatrième, 184 fr. 12. Que lui doit-on en tout ?

3. On demande ce que pèse un lingot composé de 65,g 345 d'or, de 18,g 65 d'argent, et de 16,g 8 de cuivre ?

4. Une ferme se compose de 1675,a 25 en terres labourables, de 268,a 45 en prés, de 1275,a 80 de bois, et de 788,a 50 en friches. On demande ce qu'elle contient d'hectares ?

5. On a acheté 4qx 5 kilog. de sucre ; 3 milliers 5 hectogrammes de savon, et 48 myriagrammes 2 décagrammes de café : quel est le poids, en kilogrammes, de toutes ces marchandises ?

6. On a acheté, à diverses reprises : 48 hectolitres 9 litres de vin ; 249 décalitres ; 28 kilolitres 4 centilitres : combien a-t-on acheté d'hectolitres de vin ?

7. J'ai fait acquisition de trois pièces de terre ; la première, contenant 2 hectares, m'a coûté 4500 francs ; la seconde, de 3 hectares 7 ares, 5238 fr. 75 ; la troisième, de 45 ares seulement, a été payée 600 francs : dites le nombre d'hectares achetés et la dépense faite pour l'achat ?

8. Quatre personnes se sont partagé un tas de fagots de bois. La première en a eu 228 ; la deuxième 140 de plus que la première ; la troisième autant que les deux premières ; et la quatrième a eu à elle seule autant que les autres ensemble : combien y avait-il de fagots à partager ?

9. Un marchand de bois a vendu 36 stères 50 centistères pour 437 fr. 50, plus 45 stères pour 512 fr. 28, plus 18 stères 45 pour 219 fr. 12 : combien a-t-il vendu de stères de bois et pour quelle somme ?

10. Trois personnes ont mis en commun, la première une somme de 20350 francs, la deuxième 720 fr. de plus que la première, et la troi-

sième 1200 fr. de plus que la deuxième. On demande à combien s'élève le tout ?

11. Un marchand a acheté 13 mètres 49 de toile pour 41,f75 ; puis 19,m78 pour 64,f39 ; puis 17,m 68 pour 59,f45 ; il revend toute sa toile avec un bénéfice de 72,f25 : combien a-t-il acheté de mètres de toile ; combien les a-t-il payés ; combien les a-t-il revendus ?

12. Un marchand avait acheté 17,m59 de drap pour 358,f25, et les a revendus avec un bénéfice de 39,f50. Il a ensuite acheté 47,m29 de drap pour 1164,f35, et les a revendus avec un bénéfice de 148,f75. On demande combien il a acheté en tout de mètres de drap ; combien il les a payés : combien il a vendu chaque partie de marchandises ; combien il a vendu le tout, et combien il a gagné ?

13. Un ouvrier a fait, en 12 jours, 48 mètres d'ouvrage, qui lui ont été payés 236,f75. En 8 jours, il a fait 31,m85, payés 157,f28. Enfin, en 6 jours, 26,m18, payés 105,f45. On demande combien il a travaillé de jours ; combien il a fait de mètres d'ouvrage, et combien il a reçu en totalité ?

14. Dans les années ordinaires, après avoir prélevé les semences, il reste dans notre pays 58096282 hectolitres de blé, dont il est consommé 57621243 par les hommes, les animaux et les fabriques : à quoi se réduit donc l'excédent d'une récolte ordinaire sur la consommation ?

15. Un terrain, contenant 237 ares 45, a été envahi par les eaux qui occupent une étendue de 14678 mètres carrés : on demande, en ares et centiares, ce qui reste à découvert ?

16. Un marchand avait dans sa cave 426 hectolitres de vin ; il en a reçu 200 hectolitres 8 ; il en a vendu 326 hectolitres 28 : combien lui en reste-t-il ?

17. Un marchand doit livrer en différentes fois 800 stères de bois pour la somme de 10736 fr. ; la première fourniture a été de 110 stères pour la somme de 1476,f20 ; la deuxième, de 240 stères 5 pour la somme de 3227,f51 ; la troisième, de 180 stères 08 pour la somme de 2416 fr. 67 : on demande combien il doit encore livrer de stères de bois et pour quelle somme ?

18. Un élève écrit sur une ardoise 5 nombres qu'il additionne et a pour total 1,9807. Un de ces nombres est effacé, les quatre restants sont : 0,0806 ; 0,04 ; 0,5, et 0,60045 : quel était le cinquième nombre ?

19. Un marchand a acheté 75 hectolitres 25 de blé ; on lui en livre 234 doubles décalitres : on demande combien il doit encore en recevoir ?

20. Deux propriétaires ont acheté ensemble 6875 ares 27 centiares de terres labourables ; le premier en prend 342789 mètres carrés qui sont à sa convenance : on demande ce qu'il reste à l'autre ?

21. Un marchand de vin veut remplir un fût de 85 hectolitres, en y mêlant des vins de 1834, de 1842 et de 1846 ; il y a versé d'abord 20785 décilitres de vin de 1834 ; puis 192 doubles décalitres de vin de 1842 : combien doit-il mettre d'hectolitres de vin de 1846 ?

**22.** Avec 375 francs de plus que ce que j'ai, je pourrais payer 562,ᶠ15 que je dois, et il me resterait 23,ᶠ30 : quelle somme ai-je ?

**23.** Combien coûteront 8 kilogrammes 4 hectogrammes 7 décagrammes de marchandise à raison de 28,ᶠ45 le kilog. ?

**24.** Combien compte-t-on d'arbres dans une plantation composée de 57 rangées, si chaque rangée en contient 193 ? quelle serait la valeur de cette plantation, si chaque arbre valait 29 francs ?

**25.** Les meules des meilleurs moulins peuvent tourner 119 fois par minute : combien de fois en 7 heures ?

**26.** Il y a des épis d'avoine qui contiennent 36 grains : combien de grains d'avoine dans 27 gerbes composées chacune de 1075 épis ?

**27.** Le chanvre produit 8 hectolitres 87 de grains par hectare et 364 kilog. de filasse : quel est le produit de 378 hectares ?

**28.** Un ouvrier, qui fait habituellement le lundi, perd au moins une demi-journée de travail d'abord, que nous estimerons 1,ᶠ50, et il dépense inutilement au moins 1,ᶠ25 : l'année ayant 52 semaines, quel est le chiffre de sa perte annuelle ?

**29.** Combien faut-il d'argent pur et de cuivre pour faire 45 pièces de 5 francs ?

**30.** On a acheté 25 mètres de drap à 12,ᶠ75 le mètre; puis 18 mètres à 18,ᶠ50 le mètre ; puis 45 mètres à 25,ᶠ60 le mètre : combien a-t-on acheté de mètres de drap, et pour quelle somme ?

**31.** On a vendu 15 mètres de drap à raison de 12,ᶠ75 le mètre ; 28 mètres à raison de 15,ᶠ60 le mètre, et 10 mètres à raison de 23,ᶠ50 le mètre; on a gagné 97,ᶠ75 centimes sur le tout : combien le tout avait-il coûté ?

**32.** Un ouvrier, travaillant 25 jours par mois, a fait, chaque jour pendant 2 mois, 2,ᵐ65, et a reçu pour chaque mètre 3,ᶠ20 : on demande combien il a reçu pour le tout ?

**33.** Un épicier a acheté 440 hectolitres d'huile à 0,ᶠ75 le litre; 66 kilog. de sucre à 1,ᶠ75 le kilog. ; 18 kilog. de poivre à 3,ᶠ75 le kilog. ; il a revendu l'huile 0,ᶠ90 le litre; le kilog. de sucre 1,ᶠ95, et le poivre 0,ᶠ40 l'hectog. : combien a-t-il gagné ?

**34.** On demande 10 centimes par mètre carré pour cultiver une terre de 345 ares : que faut-il payer pour ce travail ?

**35.** Que faut-il payer à un menuisier qui a fait un lambris haut de 2ᵐ,06 et long de 50,ᵐ50, à raison de 4,ᶠ50 le mètre carré ?

**36.** Pour planchéier un appartement long de 7,ᵐ45 et large de 5,ᵐ75, ou demande 5,ᶠ75 du mètre carré : quelle somme doit-on donner ?

**37.** Combien y a-t-il de stères de bois dans un rang de bûches longues de 1,ᵐ25, ayant 25,ᵐ75 d'étendue, et 2,ᵐ50 de hauteur ?

**38.** Combien doit-on payer un tas de bois long de 12,ᵐ45, haut de

4,ᵐ25, et dont les bûches ont 0,ᵐ85 de longueur, à raison de 1,ʳ4 le décistère?

39. On achète 56 litres de vin à 0,ʳ56 le litre ; 17 kilog. de beurre à 2,ʳ75 le kilog.; 9 kilog. de fromage à 1,ʳ8 le kilogr. ; 45 kilog. de sucre à 1,ʳ78 le kilog.; 60 kilog. de sel à 20 centimes le kilog.; 75 kilog. de savon à 1,ʳ15 le kilog. ; 25 kilog. de chandelles à 1,ʳ12 le kilog. ; et 12 kilog. de café à 4,ʳ65 le kilog. : combien a-t-on à payer ?

40. On achète 25 objets à 1,ʳ75 la pièce, et on les revend 2,ʳ45 c. : on demande le bénéfice ?

41. Une domestique va au marché avec 3 pièces de 50 centimes, 2 pièces de 1 fr. et 7 pièces de 20 centimes ; elle achète pour 90 centimes de beurre, pour 1,ʳ15 de poisson, pour 2,ʳ10 de légumes et pour 0,ʳ75 de fruits : que lui reste-t-il après avoir payé le tout?

42. Si la nourriture d'un cheval revient à un 1,ʳ6 par jour, et celle d'une vache à 0,ʳ75 : quelle sera, par mois, la dépense de nourriture pour 4 chevaux et 7 vaches ?

43. Quel est le poids de 245 pièces de 50 centimes ?

44. Dans un assolement triennal, on emploie, par hectare, jusqu'à 850 hectolitres d'engrais flamand, sans compter le fumier qui commence l'assolement. Un hectolitre d'engrais flamand vaut 30 centimes : quelle est la dépense pour 2 hectares 8 ?

45. J'ai 17 ruches. Le poids moyen d'une ruche est de 15 kilog. en miel et de 5 hectogr. en cire. Que me rapportent mes abeilles, si je trouve acheteur à 1,ʳ23 pour le kilog. de miel, et à 3,ʳ75 pour le kilog. de cire?

46. Quatre vaches, restant inoccupées, ont produit en un mois de temps 658 litres de lait et ont augmenté en poids de 4 kilog. 50 chacune. Quatre vaches nourries comme les premières ont fait un travail modéré pendant 10 jours ; elles n'ont donné que 616 litres de lait, et le poids de chacune a diminué de 1 kilog. 50. En évaluant le litre de lait à 0,ʳ15, et le kilog. de viande à 95 centimes, on demande ce que le travail des vaches a coûté ?

47. On emploie dans une fabrique 34 ouvriers à 4,ʳ50 par jour ; 18 femmes à 3,ʳ60 ; 46 enfants à 75 centimes : combien faut-il par semaine pour payer ces ouvriers, en comptant 6 jours de travail; et combien faut-il par an, en supposant 52 semaines dans l'année?

48. Les 1576547 hectares que nous cultivons en prairies artificielles donnent 55179145 quintaux de fourrage : quelle est la production moyenne de l'hectare ?

49. On a payé 1846 fr. pour 35 hectolitres 5 de vin : à combien revient l'hectolitre ? le décalitre ? le litre?

50. Combien pèsent 7835,ʳ50 d'argent monnayé ?

51. On fond ensemble 9 kilog. d'or, 8 kilog. d'argent, et 3 kilogr. de cuivre, et l'on veut connaître le poids de chacun de ces métaux contenus dans un kilogramme de leur alliage ?

52. — On fond 35 grammes d'argent avec 5 grammes de cuivre : on demande la quantité de cuivre dans un gramme de cet alliage ?

53. On a acheté 15 mètres 8 d'étoffe pour 138,$^f$25 : à combien revient le mètre, et combien devra-t-on le vendre pour gagner 12,$^f$60 sur le tout ?

54. Il y a dans un atelier 15 ouvriers qui, en travaillant 10 jours, 8 heures par jour, ont fait 428,$^m$40 d'un ouvrage : combien chaque ouvrier fait-il d'ouvrage en une heure ?

55. On verse 5 litres d'eau dans 45 litres de vin. On demande combien il y a d'eau et de vin dans un litre de mélange ?

56. On a acheté 17 kilog. 2 de sucre à 1,$^f$50 le kilog. ; 45,$^{kg}$18 à 1,$^f$60 le kilog. ; 56$^f$$^{kg}$, à 1,$^f$75 le kilog. ; 64,$^{kg}$36 à 1,$^f$90 le kilog. ; on veut les vendre en détail, en gagnant 100 fr. sur le tout : combien doit-on vendre chaque kilogramme ?

57. On a payé 434,$^f$40 pour 90,$^{kg}$5 de coton à 4,$^f$80 le kilog. : combien, pour le même prix, aurait-on de laine à 3,$^f$75 le kilogramme ?

58. On achète 3 douzaines de grammaires à 1,$^f$40 la grammaire, et on reçoit la treizième gratis : à combien revient chaque grammaire ?

59. On a 8 pains qui pèsent chacun 7 kilog. ; on veut avoir la même quantité en pains de 4 kilogrammes : combien en faudra-t-il de ceux-ci ?

60. Combien faut-il de pièces de 20 francs en or pour faire le poids d'un kilogramme ?

61. Quel est le poids de 372 fr. en or ? de 35 pièces de 40 fr. et de 18 de 20 ?

62. Un coupon d'étoffe a 4,$^m$8 de largeur. On veut le découper en morceaux de 5 sur 6 décimètres : combien y aura-t-il de morceaux ?

63. Lorsque le sucre se vend 1,$^f$80 le kilog., le café 2,$^f$90 et le chocolat 3 fr. : combien aura-t-on de kilogrammes de ces marchandises pour 154 fr., si l'on en veut un poids égal de chaque sorte ?

64. Une cuve de la capacité de 3 mètres cubes est remplie de vin ; on en retire 6 hectolitres 30 qu'on remplace par de l'eau ; le mélange étant bien fait, on demande combien il entre d'eau et de vin dans un litre de ce mélange ?

65. La surface d'un champ est de 2 hectares 6 ares 40 centiares ; sa longueur est de 172 mètres : quelle est sa largeur ?

66. Un bœuf mis à l'engrais le 1$^{er}$ avril pesait 300 kilog. ; au 1$^{er}$ août, son poids était de 679 kilog. : quelle a été l'augmentation moyenne de poids par jour ?

67. Un marchand a acheté 18 pièces d'étoffe, contenant chacune 56 mètres, pour 16128 francs ; il a revendu le tout à raison de 23 francs le mètre : on demande ce que le mètre lui a coûté, ce qu'il a gagné sur chaque mètre, et le bénéfice qu'il a fait sur le tout ?

68. Un marchand veut échanger de la toile qu'il estime 1,$^f$75 le mètre,

contre de l'huile d'olive qu'il prend à raison de 245 fr. les 100 kilog. : combien doit-il donner de toile pour 356 kilogrammes d'huile ?

69. Cinq pièces de vin contenant ensemble 1000 litres ont coûté 500 fr., chaque pièce coûte 24 fr. d'entrée, 5 fr. de port, 2 fr. de congé et 75 centimes de soutirage : combien faut-il vendre tout le vin pour gagner 12,f 75 par hectolitre, et combien vendrait-on un litre ?

70. Un maître tailleur doit habiller un régiment de 1150 hommes, moyennant 1,f 30 de façon par pantalon et 4,f 25 par tunique. Il a employé à cet ouvrage 45 ouvriers qui ont travaillé pendant 5 semaines de 6 jours chacune, à 1,f 95 par jour ; combien lui reste-t-il de bénéfice ?

71. On désire savoir combien vaudra une propriété en terres labourables de l'étendue de 6 hectares 60 ares, rapportant, dans une période de 9 années et ensemencées trois fois, par hectare, 48 hectolitres 75 de froment, au prix moyen de 18 francs l'hectolitre, sachant que les frais de culture pour chacun des trois ensemencements (assolement triennal), s'élèvent, en moyenne, à 171 fr. par hectare, et que cette terre vaut 25 fois son produit net ?

72. Pour fumer des champs éloignés, on y enferme des moutons dans une enceinte mobile appelée parc ; pour que la fumure soit également appliquée, il faut ménager dans le parc 50 centimètres carrés pour chaque bête. Cela connu, on demande : 1º le nombre de brebis nécessaires pour fumer la superficie d'un hectare : 2º quelle superficie a été fumée par un troupeau composé de 1800 têtes ?

73. Un propriétaire a fait marché avec 5 ouvriers pour faire l'exploitation d'une coupe de taillis d'un hectare, à raison de 0,f 45 par stère de bois, et 1 franc par 100 de bourrées. Le taillis a produit 210 stères et 3000 bourrées, et l'exploitation a duré 20 jours : on demande combien chaque ouvrier a gagné par jour ?

74. Combien un journalier, payé 1,f 75 par jour, doit-il relever de mètres de fossés dans 18 journées de travail, en calculant le prix du mètre à 0,f 15 ?

75. Un cultivateur a employé 15 journaliers pendant 25 jours, à 1,f 75 par jour, pour exécuter le même travail qu'il avait fait faire l'année précédente par ses 5 fils et 4 chevaux travaillant pendant 30 jours : on demande quel a été son bénéfice, la journée de chacun de ses fils ayant été évaluée à 2f, et celle de son attelage à 12 francs ?

76. Un propriétaire a acheté une coupe de bois de 1200 arbres qui lui ont produit 3245 stères 25 de bois de corde et 15700 fagots ; il a vendu le gros bois 12,f 50 le stère, et les fagots 15 fr. le cent ; il a payé les arbres 35000 fr. ; le stère de bois 1,f 95 de façon, et le cent de fagots 4,f 50 : combien lui reste-t-il de bénéfice ?

77. On demande combien il faudra d'ouvriers travaillant 10 heures par jour pour couper dans un jour la récolte de 2 hectares de froment, dont le poids serait de 7245 kilog., chaque ouvrier coupant 80 kilog. 5 par heure ? Combien chacun fera-t-il, dans sa journée, de gerbes de 12 kilog. environ ?

78. Le poids de la récolte d'un champ de froment a été, en paille et en grain, de 2610 kilog. Il a fallu la battre au fléau dans un jour. Chaque ouvrier ne battant en moyenne que 1 hectolitre 25 : on demande combien on a employé d'ouvriers ; le poids de l'hectolitre étant de 72 kilog. et celui de la paille de 160 kilog. par hectolitre de grain ?

79. Un père donne à son fils 756 francs par an et son entretien ; au bout de 5 mois, le père a dépensé 815 francs : on demande à combien s'élève l'entretien par an ?

80. Un marchand achète un certain nombre de mètres d'étoffe pour 2576 fr. ; s'il en eût acheté 12 mètres de plus, il aurait payé 2744 fr. : combien a-t-il acheté de mètres de cette étoffe ?

81. Une fontaine donne 57 litres d'eau par heure et met 7 heures 45 minutes pour remplir un bassin qui porte au fond une ouverture qui dépense 9 litres par heure : on demande la capacité du bassin ?

82. On demande quelle sera la dépense en fumier, valant $3,^f 50$ le mètre cube, au bout de 9 ans, sur une exploitation de 14 hectares 4 cultivée par l'assolement biennal, sachant qu'il faut, en moyenne, 17500 kilogrammes de fumier par hectare pour chaque ensemencement, et que le mètre cube pèse 750 kilogrammes ?

83. En supposant la production moyenne d'un champ de froment à 18 hectolitres, du poids de 72 kilogrammes, combien coûte, en fumier seulement, 1 hectolitre de froment au cultivateur, le prix du fumier étant de $3,^f 50$ le mètre cube, et le prix du charrois, pour conduire dans le champ le fumier nécessaire étant de 20 francs. Calculer sur la proportion de 22 kilogrammes de fumier pour 1 kilog. 870 de grain ?

84. Une récolte de céréales absorbe autant de richesse du sol que peut en fournir une quantité de fumier égale en poids à deux fois et un tiers le double du poids total de la récolte en grain et en paille. On demande combien il faudra de fumier pour remplacer la richesse consommée par une récolte de 18 hectolitres de froment, le poids de l'hectolitre étant de 72 kilogrammes, et celui de la paille de 160 kilogrammes par hectolitre ?

85. En ôtant sur une pièce d'étoffe un coupon de 15 mètres $\frac{3}{4}$, il est resté $17^m \frac{5}{6}$ ; quelle était la longueur de cette pièce d'étoffe ?

86. Cinq ouvriers ont travaillé à un ouvrage : le premier, 3 heures $\frac{2}{3}$ ; le deuxième, 4 heures $\frac{5}{6}$ ; le troisième, 5 heures $\frac{3}{4}$ ; le quatrième, 6 heures $\frac{1}{2}$ et le cinquième 2 heures $\frac{7}{8}$ : on demande combien il y a eu en tout d'heures de travail ?

87. Que reste-t-il d'une chose dont on a enlevé le tiers, le quart et le cinquième ?

88. Trois ouvriers ont entrepris un ouvrage ; le premier en a fait le $\frac{1}{5}$ ; le second, les $\frac{2}{7}$, et le troisième, les $\frac{4}{11}$ : on demande ce qui reste encore à faire ?

89. On fond 5 kilogrammes d'argent avec 3 kilogrammes de cuivre : on demande ce qu'il entre de chacun de ces métaux dans $\frac{3}{4}$ de kilogramme ?

90. Le nombre de mes dents, disait en riant une vieille femme de 96 ans, est égal au $\frac{1}{3}$ du $\frac{1}{6}$ des $\frac{3}{8}$ des $\frac{3}{4}$ des $\frac{2}{3}$ de mon âge : combien avait-elle de dents ?

91. Un ouvrier ferait un ouvrage en 5 jours, un autre ouvrier pourrait le faire en quatre jours ; on les emploie ensemble : en combien de temps l'ouvrage sera-t-il fait ?

92. Une fontaine donne 6 litres d'eau en 3 minutes : on demande en combien de minutes elle remplira un vase de 45 litres $\frac{2}{3}$ de capacité ?

93. Un alliage est composé de 316 grammes 38 d'or et de 106 grammes 48 de cuivre. On demande le titre du lingot ; c'est-à-dire, ce qu'il contient d'or sur 1000 parties de son poids ?

94. Trouver l'intervalle de temps qui s'est écoulé entre 13 ans 4 mois 13 jours 10 heures 5 minutes 13 secondes, et 3 ans 7 mois 12 jours 13 heures 4 minutes 5 secondes ?

95. Un flacon vide pèse 65,$^g$ 38 ; plein d'eau, il pèse 723,$^g$ 45. On demande le poids de l'eau qu'il contient et sa capacité en décimètres cubes ?

96. La circonférence de la terre est de 40000000 de mètres ; quelle est sa longueur en kilomètres et en myriamètres ? Combien de jours faut-il employer à faire le tour de la terre, à raison de 13 minutes par kilomètre ?

97. Un réservoir contient 47830 hectolitres d'eau ; quelle est la capacité de ce réservoir en mètres cubes ? quel serait le poids de l'eau qui pourrait le remplir, cette eau étant pure ?

98. Sachant qu'une pièce de 1 fr. pèse 5 grammes, on demande 1° combien il faudra de pièces de 5 francs pour peser 1 kilog., 1 demi-kilog., 250 grammes et 125 grammes ; 2° combien de pièces de 2 francs, combien de pièces de 1 fr. seront nécessaires pour peser les mêmes poids ?

99. On demande combien il y a de pièces de 5 francs, de pièces de 50 centimes et de pièces de 20 centimes dans un sac qui pèse 5095 décigrammes ?

100. Combien faut-il de pièces de bronze de 10 centimes, ou de 5 centimes, ou de 2 centimes, ou d'un centime, pour faire le poids d'un kilogramme ?

101. Combien y a-t-il de francs et de centimes dans 73 pièces d'un décime ; dans 45 pièces de 20 centimes ; dans 2413 pièces de 2 centimes ?

102. Une éclipse de lune a commencé à 9 heures 45 minutes du soir ; une heure 8 minutes 30 secondes après, l'éclipse était totale ; cet état a duré 1 heure 35 minutes 28 secondes ; enfin, le phénomène a cessé une heure 7 minutes 45 secondes après : on demande à quelle heure l'éclipse s'est terminée ?

103. Un courrier a mis 6 heures 38 minutes pour atteindre son but, il y est arrivé à 3 heures 20 minutes après midi. A quelle heure a-t-il dû partir ?

104. Un cultivateur a fumé sa terre en y déposant 240 kilogrammes de fumier par are ; chaque are a produit 26 litres 83 centilitres de froment. On demande quelle quantité d'engrais et quelle surface de terrain il faudra dans les mêmes circonstances pour produire 45 hectolitres de froment ?

105. Quelle est la quantité d'eau pure qui pèse autant que 375,ᶠ 50 en argent ?

106. Une pièce de 5 francs usée par le frottement ne pèse plus que 22 gr. 50 ; quelle est sa valeur ?

107. Combien faut-il allier de cuivre à 3,ᵍᶜ6 d'argent pour faire de la monnaie française, et pour quelle somme en aurait-on sans compter les frais de fabrication ?

108. On fond ensemble 17 grammes d'or, 15 grammes d'argent et 8 grammes de cuivre. On demande le poids de chacun de ces métaux contenus dans 1 kilogramme ?

109. L'hectolitre de charbon de bois revenant à 75 fr. 40, on demande le prix de 8 décalitres de ce charbon ?

110. On a payé 120 fr. pour premiers sarclages à la main de 25 hectares de betteraves et de carottes : combien d'ares a-t-on sarclés pour 40 francs ?

111. On a acheté $\frac{7}{15}$ de mètre de ruban pour 35 centimes ; on demande ce que coûteront 18 mètres de la même pièce ?

112. La culture de 100 hectares de terres labourables, d'une ténacité médiocre, exige, en moyenne, 12 bêtes de travail de la force d'un cheval ordinaire. Combien de bêtes de travail doit-on compter dans le département de la Marne, le terrain étant supposé de ténacité égale, si ce département a 8180 kilomètres carrés ?

113. Il faut, aux animaux renfermés dans des étables, 3 mètres cubes d'air par 100 kilog. de poids de l'animal vivant ; combien faut-il de mètres cubes d'air pour 15 bêtes bovines pesant chacune, en moyenne, 275 kilog. 18 grammes ?

114. 18 mètres de drap ont coûté 108 fr. 90 : combien faut-il vendre 6 mètres pour gagner 1 fr. 50 par mètre ?

115. Combien faut-il de drap à 52 francs le mètre pour recevoir la même somme qu'en vendant 15 mètres de soieries à 18 francs le mètre ?

116. Les $\frac{4}{5}$ d'un ouvrage ont été faits en 7 jours : combien de temps faudra-t-il pour faire les $\frac{7}{9}$ de cet ouvrage ?

117. On paie 45 fr. 75 ce que l'on vend 48 fr. 25 : combien gagne-t-on pour 100 ?

118. Un marchand achète du drap à 28 fr. 45 le mètre ; il veut vendre ce drap en gagnant 6 fr. 50 pour cent : combien doit-il vendre le mètre ?

119. En 4 jours $\frac{3}{4}$ un ouvrier a fait 40 mètres de maçonnerie : combien mettra-t-il de temps pour faire 30 mètres 40 centimètres ?

120. Combien coûtent 600 francs de rente 3 pour cent au cours de 72 fr. 40 ?

121. Si le 4 $\frac{1}{2}$ pour °/₀ est à 102 fr. 80, quel doit être le cours correspondant du 3 pour °/₀ ?

122. Un cultivateur a récolté, dans 6 ares de terrain, 7 hectolitres 50 de pommes de terre, pesant 604 kilog. On demande quel sera le poids de la récolte de l'hectare ?

123. Pour amender un champ d'un hectare de superficie, un cultivateur a employé 75 hectolitres de chaux. La durée de cet amendement a été de 15 années. On demande combien il faudra mettre de chaux par are pour un amendement qu'il faudra renouveler tous les 9 ans ?

124. Un cultivateur veut amender d'un quart, avec du sable fin, une terre qui ne rapporte rien en raison de son excès d'argile ; il veut faire l'épreuve sur 24 ares 75 ayant 20 centimètres de profondeur. On demande combien il faudra de mètres cubes de sable ?

125. Combien faudra-t-il employer de chaux pour un fumier composé de 5 couches alternatives de chaux et de mauvaises herbes ayant 9 mètres de longueur sur 5 mètres de largeur, chaque couche de chaux ayant 0ᵐ, 004 d'épaisseur ?

126. Quel est l'intérêt simple d'un capital de 7600 fr. placé pendant 2 ans 3 mois au taux de 5 pour °/₀ ?

127. Un capital prêté pendant 18 mois, à 5 pour °/₀, a produit 360,0 francs d'intérêt : quel est ce capital ?

128. Un capital de 24000 francs est resté placé 510 jours et a produit, après ce temps, un intérêt de 1700 francs : quel était le taux de l'intérêt ?

129. Une somme de 18000 francs, prêtée à 4 $\frac{1}{2}$ pour °/₀, a produit un intérêt de 1147 fr. 50 ; pendant quel temps a-t-elle été placée ?

130. Quelle est la somme qui vaut, au bout d'un an, 5840 francs, intérêt et capital compris, le taux étant 4 fr. 50 ?

131. A quel taux a-t-on placé un capital de 6000 francs pour avoir, au bout de l'année, 6360 francs, capital et intérêt compris ?

132. Quel est l'escompte d'un billet de 4320 francs à 6 pour °/₀ ?

133. Un billet de 3000 francs est payable dans 45 jours : quel escompte doit-il subir, le taux de l'escompte étant à 6 fr. 50 pour °/₀ ?

134. Quel est le montant du billet qui, escompté à 7 pour °/₀, a été réduit à 2325 francs ?

135. Un billet de 4000 francs s'est réduit, par l'escompte, à 3760 fr. : à quel taux a-t-il été escompté ?

136. Quelle est la valeur actuelle d'un billet de 6500 francs payable dans 140 jours, escompte à 6 pour °/₀ ?

137. Quelle est la valeur actuelle d'un billet de 3000 francs, escompte en dedans à 6 pour %?

138. Quel est l'escompte en dedans d'un billet de 1750 francs à 72 jours d'échéance; escompte à 6 fr. 75 pour %?

139. En achetant des rentes à 4 fr 50 pour % au cours de 106 fr. 75 : à quel taux réel place-t-on son argent?

140. On a acheté 400 fr. de rente $4\frac{1}{2}$ pour % au cours de 102 fr. 40, on les revend au cours de 104 fr. 05 : quel est le bénéfice?

141. Trois personnes ont à partager 6000 fr. de manière que la première ait 2 parts, la deuxième 5, la troisième 8 : quelle est la part de chacune?

142. Partager 153 en trois parties qui soient entre elles comme les nombres $\frac{1}{2}$, $\frac{2}{5}$ et $\frac{3}{8}$?

143. Trois marchands se sont associés : le premier a mis 350 francs, le deuxième 600 fr., et le troisième 530 fr. : combien revient-il à chacun sur un bénéfice de 1500 francs?

144. Trois négociants ont fait un fonds commun de 15000 francs; le premier a retiré 350 fr. pour sa part de bénéfice; le deuxième 400 fr., et le troisième 450 fr. : quelle était la mise de chacun?

145. Si l'on mêlait à parties égales du vin à 1 fr. 50 et à 1 fr. 70 le litre; à combien reviendrait le litre du mélange?

146. Un marchand a trois pièces de vin : la première, de 220 litres à 0,40 cent. le litre; la deuxième, de 212 litres à 0,50; la troisième, de 218 litres à 0,60, qu'il mêle : à combien reviendra le litre du mélange?

147. Un cultivateur a du blé à 20 fr. et à 26 fr. l'hectolitre; il voudrait faire un mélange dont l'hectolitre revînt à 24 fr. : combien doit-il prendre d'hectolitres de chaque espèce?

148. Avec du blé à 18 fr. et à 25 fr. l'hectolitre, comment faire un mélange de 35 hectolitres qui reviennent à 22 fr. l'hectolitre?

149. Avec du vin à 25, à 40, à 60 et à 75 centimes le litre, comment faire un mélange de 6 hectolitres de vin à 45 centimes le litre?

150. A quel taux faudrait-il placer un capital à intérêt simple pour qu'il fût triple au bout de 40 ans?

151. Partager 217 fr. entre deux personnes, de manière que l'une ait $\frac{1}{3}$ en sus de l'autre?

152. Trouver deux nombres dont la somme soit 170, et tels que l'un ne soit que les $\frac{2}{3}$ de l'autre?

153. La somme de deux nombres est 85, leur différence est 27 : quels sont ces deux nombres?

154. Partager 297 en deux parties telles, que la plus grande dépasse la plus petite de $\frac{1}{5}$ de cette dernière?

155. Deux cultivateurs veulent acheter une vache à frais communs : l'un d'eux ne pourrait payer que le $\frac{1}{3}$ du prix, et l'autre le $\frac{1}{5}$ ; mais, en réunissant les deux sommes, il leur faudrait donner encore 84 fr. pour payer la vache : quel est le prix de cette vache ?

156. Partager 69 en deux parties telles que la somme des quotients qu'on obtiendra en divisant l'une par 3 et l'autre par 4 soit égale à 19 ?

157. Un marchand de nouveautés a acheté pour 311 francs 46 mètres d'étoffes de deux qualités différentes, savoir : à 5 fr. et à 8 fr. le mètre : combien a-t-il payé pour chaque espèce ?

158. Un capitaliste a placé les $\frac{3}{4}$ de ses fonds à 5 pour %, et le $\frac{1}{4}$ restant à 6 pour % ; il retire en tout 3150 fr. d'intérêt : combien a-t-il placé en tout ?

159. Un propriétaire a partagé une somme de 11500 fr. en deux parties qu'il fait valoir, l'une à 5 pour %, l'autre à 4 pour % ; le total des intérêts s'est élevé à 500 fr. : quelles sont les deux parties ?

160. Quel est le capital qui, placé à 6 pour %, est devenu 5470 francs 56, après 2 ans 8 mois ?

161. En revendant sa marchandise 920 francs, un marchand a gagné 15 pour 100 sur le prix d'achat : combien avait-il payé sa marchandise ?

162. Trois personnes ont à se partager une somme de 4800 francs, de manière que la 2e ait le triple de la première, et la 3e autant que les deux autres ensemble : combien revient-il à chaque personne ?

163. Partager 670 fr. entre deux personnes, de manière que les parts soient entre elles comme 3 est à 7 ?

164. On a à payer 450 francs dans 3 mois, 700 francs dans 6 mois, 1250 francs dans 9 mois : on demande l'époque de l'échéance commune ?

165. Partager 56 francs entre deux personnes, de manière que l'une ait le triple de l'autre ?

166. Trouver deux nombres dont la somme est 2235, et dont l'un soit double de l'autre ?

167. Partager le nombre 3047 en quatre parties telles que la 2e surpasse la première de 17, la troisième surpasse la 2e de 64, et la quatrième surpasse la 3e de 36 ?

168. Une garnison se compose de 1800 hommes, cavaliers et fantassins ; chaque cavalier reçoit 12 fr. 75 par mois, et chaque fantassin 8 fr. 75. La solde du mois de la garnison entière coûte 16950 francs : combien y a-t-il de cavaliers et de fantassins ?

169. Comment payer 83 francs avec des pièces de 5 francs et de 2 francs, en n'employant que 22 pièces en tout ?

170. Comment payer 114 francs avec des pièces de 5 francs et de 2

francs, en employant **7** fois plus de pièces de la deuxième espèce que de la première ?

**171.** Un spéculateur achète 800 francs de rente à $4\frac{1}{2}$ pour °/₀, au cours de 104 francs 85 et les revend avec perte de 50 francs : de combien la rente avait-elle baissé ?

**172.** Deux négociants ont mis en commun : le premier 3200 francs pendant 5 mois ; le deuxième 2400 francs pendant 8 mois ; l'association a rapporté 1200 francs : combien revient-il à chacun ?

**173.** Trois marchands ont mis en commun une somme de 18000 fr. ; le premier a retiré, pour sa part de bénéfice, 2500 francs ; le deuxième, les $\frac{4}{5}$ du premier ; le troisième, les $\frac{3}{5}$ de la somme des deux autres ; quelle a été la mise de chaque marchand?

**174.** Trois fontaines coulant séparément dans un bassin pourraient le remplir, la première en 2 heures, la deuxième en 3 heures, et la troisième en quatre heures ; si elles coulent ensemble, en combien de temps le bassin sera-t-il rempli ?

**175.** Combien faut-il mettre d'eau dans 2 hectolitres de vin à 75 centimes le litre, pour que le litre du mélange revienne à 60 centimes ?

**176.** Un marchand a du blé de 3 espèces différentes à 18 francs, à 23 francs et à 26 francs l'hectolitre ; il en fait un mélange de 30 hectolitres de la première espèce, de 25 de la deuxième, de 20 de la troisième : à combien revient l'hectolitre de mélange ?

**177.** Un père a 42 ans de plus que son fils, et dans 4 ans l'âge du père sera quadruple de celui du fils ; quel est l'âge du père et celui du fils ?

**178.** Dans une entreprise, on a gagné les $\frac{3}{11}$ de l'argent que l'on a placé ; les frais sont de $\frac{1}{16}$ de cet argent, et l'on a retiré en tout 449 fr. 50 : trouver le montant du capital ?

**179.** Un renard, poursuivi par un lévrier, a 60 sauts d'avance ; il fait 3 sauts pendant que le lévrier en fait 2 ; mais 3 sauts du lévrier en valent 7 du renard : trouver combien le lévrier fera de sauts pour atteindre le renard ?

**180.** Trois personnes ont fait conjointement une entreprise : la première a fourni du drap, la seconde a mis 1000 francs, elles ont fait un bénéfice de 2000 francs, dont la première a eu 800 francs et la 3ᵉ 700 francs : trouver la mise de celle-ci, la valeur du drap et le gain de la 2ᵉ personne ?

**181.** On a payé 2800 francs pour 138ᵐ de drap ; combien pourrait-on en avoir d'une qualité supérieure, dont 3ᵐ coûteraient autant que 5ᵐ du premier ?

**182.** On ajoute 7098 avec deux autres quantités triples l'une de l'autre, et on a pour résultat 9003 : trouver la seconde et la 3ᵉ quantité ?

183. Trois robinets coulent dans un même bassin : le 1er, s'il coulait seul, et que rien ne se perdît, mettrait 6 heures $\frac{1}{4}$ à remplir le bassin; le 2e, dans le même cas, mettrait 12 heures $\frac{1}{2}$, et le 3e, 17 heures $\frac{1}{2}$. Mais le bassin est percé, au fond, d'une ouverture qui le viderait en 5 heures : au bout de combien de temps le bassin sera-t-il plein ?

184. On achète 100 kilogrammes de marchandises qu'on espère revendre dans le courant d'une année. Le kilogramme coûte 5 fr. 60, et, pour en faire l'acquisition, l'acheteur a emprunté de l'argent à 5 p. 0/0. A quel prix doit-il revendre le kilogramme pour faire un bénéfice de 8 pour 0/0 sur le prix d'achat ?

185. Une somme inconnue vaut 26000 francs, au bout de 6 ans, capital et intérêts réunis ; la même somme vaut 30000 francs au bout de 10 ans, capital et intérêts réunis : trouver le capital et le taux de l'intérêt ?

186. Une personne interrogée sur l'argent qu'elle a dans son porte-monnaie, répond : si j'avais encore $\frac{1}{6}$ avec ce que j'ai et 8 francs de plus, j'aurais 50 francs; devinez combien j'ai d'argent ?

187. Quel est le nombre dont le $\frac{1}{3}$ est de 4 plus grand que son $\frac{1}{4}$ ?

188. J'ai pensé un nombre, j'en prends le $\frac{1}{6}$ que je multiplie par 8 ; je prends les $\frac{3}{5}$ du résultat auxquels j'ajoute 5, et je trouve 29 : quel est le nombre pensé ?

189. Quelle quantité de fin renferme un lingot d'or, au titre de 0,850 et du poids de 8 hectogrammes ?

190. On veut faire le plancher d'une chambre rectangulaire avec des planches de 1,m70 de long sur 0,m10 de large ; la chambre a 4,m75 de longueur et 5,m24 de largeur. Combien faudrait-il employer de ces planches, et quel sera le prix de ce plancher, en supposant que 0 fr. 65 soit le prix de $\frac{1}{9}$ de mètre carré de plancher ?

191. Un sac de blé de 148 litres pèse 117 kilogrammes ; quand on le réduit en farine, il perd les 0,17 de son poids ; d'autre part, avec 3 kilog. de farine, on peut faire quatre kilogr. de pain ; combien pourra-t-on faire de kilogr. de pain avec ce sac de blé, et quelle sera la valeur de ce pain à raison de 0 fr. 475 le kilogr.

192. Le parapet d'un pont est formé de morceaux de fonte du poids moyen de 317,kil 45 ; leur longueur est égale à 1,m 40 ; le prix de la fonte est de 21 fr. 50 les 100 kilogr. ; la longueur totale du pont est de 292,m60 : combien coûtera le double parapet établi sur ce pont ?

193. Un marchand de drap a retiré 312 fr. de la vente d'un même nombre de mètres de deux espèces de draps, l'un à 12 fr. 75, l'autre à 11 fr. 25 le mètre : combien a-t-il vendu de mètres de chaque espèce de drap ?

194. Un baril plein d'huile d'olive pèse 24,kil 58 ; vide, il ne pèse que

7,<sup>kil</sup> 657 : on demande quelle est sa capacité, en supposant qu'un litre d'huile d'olive pèse 915 grammes ?

195. Une machine à fouler le raisin peut fouler en une heure 3813 kilog. de raisin, et 150 kilog. de raisin donnent 84,<sup>KG</sup> 5 de vin clair ; combien cette machine donnera-t elle d'hectolitres de vin en 12 heures, sachant qu'un litre de vin pèse 990 grammes ?

196. Il faut en moyenne $4\frac{1}{2}$ hectolitres de graine d'œillette pour fabriquer 90 litres d'huile d'œillette ; chaque hectolitre de graine pèse environ 60 kilogr. : combien de litres d'huile pourra-t-on extraire de 525 kilogr. de graine ?

197. Par le rouissage, le lin perd les $\frac{3}{8}$ de son poids, et le lin roui fournit environ les $\frac{3}{20}$ de son poids de lin de premier brin : combien faudra-t-il de lin brut pour obtenir 230 kilog. de lin de premier brin ?

198. Un commissionnaire reçoit 18 p. 0/0 du prix total des marchandises qu'il peut vendre ; en 17 jours, il vend pour 7632 fr. de marchandises : quel bénéfice a-t-il réalisé chaque jour ?

199. Un propriétaire de troupeaux a acheté 2560 moutons ou brebis à 11 fr. 20 chacun; pendant un an il en perd 120; mais il obtient 725 agneaux; au bout de l'année, il revend son troupeau tout entier à 10 fr. par tête. On demande s'il a gagné ou perdu, et quel est son bénéfice ou sa perte. en ayant soin de déduire du bénéfice l'intérêt à 5 pour 0.0 du capital employé ?

200. Un hectare de terrain a produit 19 hectolitres de froment, et 32 quintaux de paille. Le froment se vend 27 fr. l'hectolitre ; la paille, 2 fr. 50 le quintal ; les frais de culture se sont élevés à 194 fr. 50 : quel est le bénéfice du cultivateur ?

201. Dans une usine à zinc. on traite annuellement 210950 quintaux de minerai rendant 31 pour 0/0 de zinc. Il faut, pour produire 100 kilog. de zinc, consommer 748 kilog. de houille, et cette houille revient à 5 fr. 32 les 100 kilog. : combien coûtera le traitement du zinc dans cette usine ?

202. Un cultivateur récolte dans une terre de 57 ares, environ 5000 kilogr. de racines destinées à la nourriture des bestiaux pendant l'hiver. Un bœuf consomme en un jour à peu près 28 kilog. de racines. Combien faudra-t-il cultiver d'hectares de terrain de la même manière, pour pouvoir nourrir un bœuf pendant les 150 jours d'hiver ?

203. Un marchand a 740 litres de vin qui lui reviennent à 0 fr. 60 le litre, et qui proviennent d'un mélange à 0 fr. 45 le litre et a 0 fr. 70 le litre. Combien y a-t-il de litres de vin de chaque espèce ?

204. Un tonneau contient 175 litres de vin. On retire 45 litres de vin qu'on remplace par 45 litres d'eau ; on retire ensuite 27 litres de ce mélange, qu'on remplace par 27 litres d'eau : combien reste-t-il de vin pur dans le tonneau ?

205. Une laiterie possède 20 vaches, qui ont coûté, en moyenne

250 fr. chacune ; leur nourriture et les frais de toute espèce nécessaires à leur entretien coûtent 6380 fr. ; pour tenir compte des chances de perte ou de maladie, on prélève 10 p. 0/0 du prix des vaches sur le produit. D'autre part, le propriétaire retire environ 200 voitures d'engrais à 1 fr. 75 ; 20 veaux, qui se vendent en moyenne 10 fr., immédiatement après leur naissance, et enfin, 37234 litres de lait à 0 fr. 30 le litre, dont le transport dans la ville voisine coûte 220 fr. Trouver le bénéfice annuel du propriétaire par chaque tête de vache ?

206. Quelqu'un a placé un capital de 900 fr. qui lui a rapporté 144 fr. d'intérêt en quatre ans. En plaçant 9450 fr. au même taux, combien devra-t-il attendre de temps pour avoir 1764 fr. d'intérêt simple ?

207. Dans le courant d'une année, le propriétaire d'une usine a payé 2314 francs 50 centimes pour le transport, à une distance de 2, 37 myriamètres, de la houille dont il a besoin. On demande de calculer le nombre d'hectolitres consommés dans l'usine, sachant qu'on paie 12 centimes par kilomètre pour le transport de 1000 kilogrammes, plus un droit de 3 francs 24 centimes pour 3240 hectolitres, et qu'un hectolitre de houille pèse 75 kilogrammes ?

208. Un fermier récolte dans une année : 1° 75 hectolitres 5 décalitres de blé ; 28 hectolitres 7 litres d'orge, et 18 hectolitres d'avoine ; 2° 54 tonneaux de vin, contenant chacun 2 hectolitres 28 litres ; et 6 fûts de cidre contenant chacun 120 litres. Il a vendu le blé 4 francs 75 centimes le double décalitre ; l'orge, 1 franc 5 centimes le décalitre ; l'avoine, 6 francs 80 centimes l'hectolitre ; le vin, 36 francs le tonneau, et le cidre, 7 francs l'hectolitre. On demande : 1° ce qu'il a reçu pour chaque produit séparément, et combien en totalité ; 2° quel est son bénéfice, sachant qu'il a payé les $\frac{2}{3}$ de ce qu'il a reçu pour fermages et autres dépenses ; 3° combien il pourra acheter d'ares de terrain à 25 francs l'are, avec les $\frac{3}{4}$ de ce bénéfice ; 4° quel sera l'intérêt qu'il pourra se procurer avec le reste pendant un an 7 mois, s'il le place à la caisse d'épargne à 4 pour °/o l'an ?

209. Deux personnes font un échange : la première cède à la seconde du bois, et celle-ci lui rend du vin, savoir : un décilitre et demi de vin pour un décimètre cube de bois. Si la première livre 17 stères 09, combien la deuxième doit-elle rendre de vin ?

210. Un homme a laissé par testament 220500 francs à partager entre quatre parents. Les conditions sont telles que, quand le premier prendra 2 francs, le second en prendra 3 ; quand le second prendra 4 francs, le troisième en prendra 5 ; quand le troisième en prendra 6, le quatrième en prendra 7 : quelle est la part de chacun ?

211. Sachant que les frais généraux et les frais de nourriture et d'entretien de 2 bœufs travaillant pendant 192 jours s'élèvent, en moyenne, à 964 francs 90 centimes, on demande quel sera le produit net, estimant la journée de travail à 6 francs, et la valeur du fumier produit par chaque bœuf à 132 francs ?

**212.** Une personne a un revenu qu'on ne connaît pas. Elle fait à un de ses parents une pension viagère de 150 francs; elle paie 110 francs de loyer et d'impositions, restreint sa dépense journalière à 1 franc 50, et met de côté ce qui lui reste pour achever de payer une petite propriété de 3500 francs, sur laquelle elle a donné, en prenant possession, 1537 fr. 50 cent. et qu'elle ne pourra payer qu'en 5 ans. Combien cette personne a-t-elle de revenu ?

**213.** Deux courriers se dirigent l'un vers l'autre; la distance qui les sépare est 500 kilomètres; l'un, qui fait 16 kilomètres à l'heure, part à midi; et l'autre, qui en fait 12, part 5 heures après le premier courrier. A quelle heure et à quelle distance des deux points de départ aura lieu la rencontre ?

**214.** Un marchand a troqué 640 bouteilles de rhum contre 480 bouteilles de liqueur; il change cette liqueur contre 360 bouteilles de vin étranger; enfin il change ce vin contre 800 bouteilles d'eau-de-vie qu'il revend 3 francs la bouteille, et, de cette manière, il gagne 25 pour % sur son marché : on demande à connaître le prix coûtant du rhum, de la liqueur, du vin et de l'eau-de-vie ?

**215.** Quelqu'un a un capital qu'il veut employer en achat de rentes 3 pour %, et il veut qu'il produise une rente égale à celle qu'il obtiendrait en achetant des rentes 4 francs 50 pour % au cours de 95, 75 : combien devra-t-il payer le 3 pour % ?

**216** Un marchand a vendu pour 1920 francs de marchandises; il a accordé un délai d'un an, et il est convenu de rembourser l'escompte à un taux fixé, si on le paie avant le temps. Après 5 mois, on ne lui paie que 1875 francs 20 centimes. A quel taux était l'escompte ?

**217.** Un marchand a acheté pour 1280 francs de marchandises, le vendeur lui accorde un an de crédit et convient avec lui de lui escompter le billet à raison de 6 pour % par an, dans le cas où il anticiperait le paiement. Il arrive qu'au bout d'un certain temps l'acheteur donne 1222 fr. 40 cent. et se trouve quitte : après combien de mois a-t-il payé ?

**218.** Trois personnes ont reçu 276 francs; on ne sait pas ce qu'a reçu la première, mais on sait que la deuxième a reçu deux fois autant et 12 francs de plus, et que la troisième a reçu trois fois autant que la deuxième, et de même 12 fr. en sus : combien chaque personne a-t-elle reçu ?


### FIN DE LA PREMIÈRE PARTIE.

# TABLE DES MATIÈRES

## DE LA PREMIÈRE PARTIE.

### PREMIER LIVRE.



### DEUXIÈME LIVRE.



### TROISIÈME LIVRE.

FIN DE LA TABLE DES MATIÈRES.

historien anglais, — qui supposait la Divinité un monstre de cruauté semblable à lui-même, décidait que les exécutions cesseraient d'être publiques. C'était retirer au condamné la consolation de féconder sa croyance par son sang; c'était joindre une torture morale à ses tourments corporels, puisqu'il ne recueillait même pas la gloire amère de son martyre. Mais d'un autre côté, on espérait cacher le nombre des victimes ; puis, il y a des forfaits si odieux que l'ombre est nécessaire à leur accomplissement.

tait franchement les conséquences. Chac actions semblait dire à Philippe II : « Si respecte ; mais aussi j'aime mon pays e fends. »

Dans nulle occasion, il ne s'était chef d'un parti, mais le guide et le défen nation. C'était un esprit éminemment co nel qui voulait l'obéissance et la fidélité au souverain, afin de laisser à ce dernie d'agir dans l'intérêt général ; mais en demandait au monarque l'observation d